U0386239

5G时代

什么是5G，它将如何改变世界

项立刚◎著

中国人民大学出版社
·北京·

推荐序

信息技术是人类发展的重要力量，现代通信技术有助于降低社会成本、提升社会效率、缩小数字鸿沟。

从第一代移动通信到今天的第五代移动通信，每一代都凝聚了人类智慧和技术发展的结晶，代表了一个时代的科技水平。

第一代移动通信解决了通信的移动化，大大促进了人类信息通信的能力，为经济不太发达地区和偏远地区提供了通信能力。

第二代移动通信使人类进入数字通信时代，不仅可以传输语音，还可以传输短信息形式的文字信息，通信的品质更高，也更安全。

第三代移动通信使人类进入数据通信时代，手机从打电话的工具变得更加智能化，可以实现更多的功能。

第四代移动通信意味着移动互联网时代的到来，位置、社交、移动支付这些全新的能力大大改变了人们的生活。移动支付、移动电子商务的爆发，现金使用的减少，社会信息沟通能力的大幅度提高，给人类社会带来许多有价值的变化。

第五代移动通信将会提供改变世界的新力量，除了高速度之外，低功耗、低时延、万物互联这些能力是前所未有的，它们为大数据、人工智能等新能力提供了基础。

5G 是当今这个时代集中了半导体、通信、人工智能、智能硬件、新业务与应用的一个全新的体系。它会给社会带来能力和效率的提升，给经济、文化和网络安全带来挑战，给传统的运营体系和相关行业带来深远的影响。

对于 5G，用更加开放的心态进行讨论和研究，厘清发展的轨迹，了解业务与应用，分析带来的影响，十分有必要。

5G 不仅是一项移动通信技术，更是影响人类进步与社会发展的一支重要力量。弄清楚这支力量的来龙去脉，我们可以更好地把握人类社会发展进程，了解技术对于经济、文化的影响。

2020 年，5G 将进入商用，人类改造世界有了更新的技术力量。希望 5G 技术能被世界更多的地区接受，用于人类和平，用于缩小数字鸿沟，用于提升经济、文化水平，用于绿色环保事业。

很长时间里，通信技术给人类提供的主要是基本通信能力，通信与传统产业和服务业的融合还有一定距离。5G 会渗透到社会生活的每一个角落，重新定义传统产业，提高效率，降低成本，让世界变得更加美好。随着智能感应、大数据、智能学习能力的整合，5G会提高人类的物质生产能力，继而对哲学、道德、文化产生重大影响。

以往关于5G的图书大多是从技术角度进行研究的。项立刚先生《5G时代》这部著作，不仅让读者对5G有了大致的了解，而且重点分析了5G对通信产业和传统行业的深刻影响。目前这方面的探讨与研究不多，《5G时代》一书适时出版，非常有意义。

前言

5G 的大门刚刚开启

2018 年 10 月，重庆万州发生了一起悲剧：一辆公交车撞上了对向的车，冲下 70 米高的大桥，车上所有人都死于非命。这样的恶性事件，在网络上引起广泛讨论和各种猜测，从指责被撞对向车的女司机，到猜测驾驶员的心理。彼时，也有人表示，我们可能永远不知道真相了，因为车上所有人都不在了。

但是，我们很快就知道了真相。当车被打捞起时，车上的摄像头记录了当时的情景，录像显示：是有人和司机吵架，司机猛打方向盘，酿成了悲剧。真相之所以能够大白于天下，是因为科技的力量，即公交车上的行车记录仪记录了一切。

我在想，如果有了 5G，这辆公交车必须沿着一个数字轨道运行，当控制中心发现它偏离了应走的轨道，可第一时间通过低时延的网络发送控制命令，让公交车制动，同时也对同样行驶在这条数字轨道上的其他公交车进行制动，那么，这十几条鲜活的生命可能就不会逝去。我相信这一定会实现。

每一次移动通信技术升级时，都会有一种声音传来，消费者需要吗？3G 到来时，就有很多声音说消费者使用手机，打电话发短信就行了，不需要上网。4G 到来时，又有很多人认为 3G 带宽够了，投资还没有收回来，为什么要搞 4G？如今，5G 即将到来，依然不缺少这种声音。

5G 不仅是一项技术，还是通过技术形成的一种改变世界的力量。

当互联网到来，我们讨论如何缩小数字鸿沟时，如果仅仅是讨论，既不能让网络覆盖到偏远地区，也不能让贫困人口买得起电脑，学会电脑的使用和操作。不少慈善项目仅是纸上谈兵和表面文章。

4G 到来后，"村村通"工程让中国绝大部分地区覆盖了 4G 网络，便宜的资费，便宜的智能手机，一夜之间让偏远地区的普通人也进入了网络时代。社交、电子商务、移动支付这些曾经被认为是高端人群使用的应用进入了平凡人的生活。一个村所有人都在一个群里，从红白喜事到招工信息，都可以拿来共享，甚至可以讨论一下牛肉饺子怎么包，这才是真正意义上的缩小数字鸿沟，而做到这一切依靠的是网络的基础能力。

这是一本关于 5G 的书，但着眼点不是要说清楚 5G 的技术，因为解读 5G 技术的图书已经有很多，我自己也不是技术专家。本书是希望探讨在一个全新的网络体系下产业的发展与改变，以及 5G 对社会与经济的影响。

不久前，在一次活动结束后，和一位中国顶级学府的知名经济学家一起吃面，我聊起六次信息革命改变人类进程，以及以 5G 为基础的第七次信息革命对整个社会的影响，聊着聊着，这位经济学家拿出手机开了录音。吃惊之余，我终于知道今天的很多人对社会、经济、技术等很多方面的认识是脱节的，很长时间以来，许多中国的经济学家们都在复制一百年前甚至更久远的经济理论，再往今天的中国身上套。他们对经济理论研究的创新探索不够的一个重要原因，就是脱离社会实践，对于技术变化及社会生产能力提升带来的社会心理变化和经济关系变化研究不够。这个世界技术变了，经济能力也变了，经济理论亦应与时俱进。

基础设施建设、产业集群能力、重大技术变革都会极大地影响生产力，最后影响经济、社会、文化。5G 作为人类历史上信息技术能力的最新发展，对于整个社会的影响是深远的，它除了提供基本的人与人之间的通信功能之外，更是把通信能力延展到人与机器，成为智能互联网的基础。

因此，除了技术之外，我们还需要对产业、业务、应用，甚至对经济、文化进行探讨，我相信，这些技术的提升，会影响社会结构甚至人类的未来。

这个世界是综合而复杂的。如今，我们经常在说物联网、人工智能、大数据，如果没有一个强大的、效率很高的、能随时随地提供支撑的通信能力，这些高大上的技术就会很多年没有进展，或者说不太可能走进普通人的生活。一旦通信能力解决，并且与这些能力整合起来，就会形成一个全新的网络体系，这就是智能互联网。智能互联网不是传统的互联网，但以互联网为基础，它给人类带来的变化会更大，也更具革命性。

智能互联网这个词差不多是5年前和英特尔大中华区总裁杨旭一起聊行业时，我们共同提出的概念。那时，我们感觉不太能分清传统互联网、移动互联网和智能互联网。今天这个分野越来越清晰了，传统互联网是以PC为核心终端，主要用于信息传输，服务是辅助能力；移动互联网是以智能手机为核心终端，主要为生活服务，社交、移动支付、位置是它的核心能力；智能互联网则会把我们生活中的各种设备变成终端，它不仅提供生活服务，还会为公共管理提供便利，甚至参与到生产制造当中去，至于它有哪些核心能力，我们还需要一步步厘清。

本书不可能把5G的一切都讲清楚，但是我的思路是带着大家跳出技术本身，在了解基本技术和特点的基础上，分析5G对这个生态链上所有领域带来的冲击和影响，包括对未来经济、社会甚至思想文化的影响。今天，5G 的大门刚刚开启，有很多方向肯定是看得不够明晰，但是我希望这种分析会给大家一定的启发。

此书的形成，得益于我在给中国电信业上百次的讲课中，大量专家和专业人士给予的很多启示。而与英特尔、爱立信、诺基亚、华为、中兴、大唐等企业专业人士进行密集的交流沟通，到高通这样的公司进行关于 5G 的系统培训，更是让我对 5G 有了更多的认识和理解。此外，与工信部、电信运营商及相关研究院的领导也有很多交流，书中的很多行业信息正是来自与他们的沟通，感谢所有业内的朋友们。

本书大半内容由我自己撰写，部分内容则是在几次长时间采访后，由李立、杨良、王洁蕊、黎明等人根据采访内容写成，然后由我再校订。感谢参与本书写作的几位朋友。当然，还要特别感谢优质内容运营机构考拉看看的马玥女士、姚茂敦先生，是他们认真而负责的努力，让本书最终得以顺利出版。最后，还要谢谢中国人民大学出版社的编辑老师。

希望本书能为你打开一个全新的世界！

目录

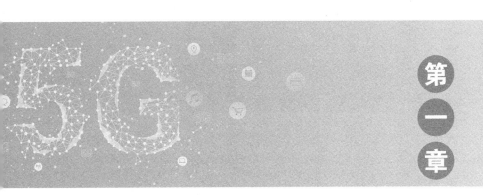

第一章

5G 是第七次信息革命的基础

信息技术的发展改变人类

获得信息的能力，是人类独创的奇迹，也是改变人类的根本力量。

当猿猴还是猿猴的时候，它与一只羊羔并无本质区别。但猿猴最后却进化成了人类，很大程度上在于猿猴与其他动物获取信息的能力不同。

低级动物之间也存在着信息交流，但方式十分单一：基本依靠简单的音节和肢体语言，因此，传达出的信息量非常少。动物之间无法进行复杂信息的传输，尤其是情感上的表达，这是它们与人类最大的不同。然而，猿猴却走上了一条截然不同的道路：从最初的爬行到直立行走；制造了工具，形成了语言这套更复杂的声音传输系统，语言的产生让信息更加丰富。随着语言体系的逐渐完善，人类社会的信息技术发展开始了阶段性的革命历程。

语言成就人类

语言成就了人类，进而造就了人类社会。

《圣经·旧约·创世记》记载，上帝与人类约定，以彩虹为记号，不再发洪水危害大地，于是人类自此都以亚当语进行交流。随着诺亚的子孙增多，人们开始向东迁移，最后选择古巴比伦附近的示拿地安顿。

所谓居安思危，这时人们疑惑了：以后真的不会再有洪水泛滥了吗？虽然上帝做了承诺，但我们没必要一味把希望寄托于此。经过商量，人类决定找寻别的栖息地，以防灾害再次来临而无处可逃，于是齐心协力开始建造著名的巴别塔（也称通天塔），他们要让塔顶直通天国。由于人们语言相通，信息沟通毫无障碍，建造工作进行得十分顺利。然而，此事触怒了上帝，为了惩罚狂妄自大的人类，上帝打乱了人类的语言。没有了共同的语言，信息交流不畅，人们只得各自分散，巴别塔的建造就此废弃了。

这便是西方著名的通天塔的典故，它表明信息传输的失败导致了人类合作的失败。语言的产生是人类历史上的第一次信息革命。众所周知，人类的语言并非世界上唯一的语言，动物们也都有各自的交流方式，比如昆虫和鲸鱼。但最终，以语音为重要载体的语言却帮助人类征服了世界，归根结底，在于人类本身的特殊性。

尤瓦尔·赫拉利所著的《人类简史》中提到，距今 7 万到 3 万年前，随着猿类的不断进化，其大脑出现了新的思维和沟通方式，掀起了一场认知革命："某次偶然的基因突变，改变了智人大脑内部的连接方式，让他们以前所未有的方式来思考，用完全新式的语言来沟通。"虽然动物也有语言中枢，但人类在进化过程中，由于大脑也跟着不断进化从而有了思维和信息沟通，最终从低级动物演变成高级动物，拥有了较为发达的智力，进而演化出了属于自己的一套社交属性，这是人类语言区别于动物语言的根本原因，也是人类社会最终成为世界主宰的重要因素。

较之动物，人类的语言具有多重功能，且运用十分灵活多变，其中最重要的功能就是信息的分享：如果猿猴发现前方有来自猛兽的威胁，它会把这个信息告诉给其他的猿猴，让大家可以采取防范措施。然而，一头猪如果发现同样的情况，却由于没有较为复杂的可以分享的信息传输系统，因此无法清楚地将危险告诉给其他同类。这个对比已然说明，低级动物的生存经验无法分享，而猿猴对世界的认知和经验，不仅可以自己拥有，还能分享给同类。照此发展所产生的结果令人欣喜：一只猿猴对世界的认识虽然有限，但众多猿猴如果将各自的认知分享出来，信息就具有很大的价值，而语言就是帮助信息分享的载体，也促进了猿猴的进化。对于初为人类的猿猴而言，语言的优势实在神奇无比。

语言是如何产生的？直到现在这仍是一个未解之谜，最宿命论的说法就是以上的圣经巴别塔之说和认知革命说。针对英语语言，后来又有了三大语言学家的三种不同流派，分别是索绪尔（Ferdinand de Saussure，1857－1913）的结构主义说，乔姆斯基（Avram Noam Chomsky，1928－　）的转换生成语法说，以及韩礼德（M. A. K. Halliday，1925－2018）的系统功能语言学说。

上述几位语言学大师为世界语言学说做出了重大贡献，但未解之谜依然存在，我们虽然无法加以深度探索，然而综合这几位大师的观点和我国著名语言学家胡壮麟教授的看法，人类语言具有创造性、移位性、文化传递性、互换性和元语言功能（即用语言讨论语言本身）。人类语言不仅能够传递现有的信息，还具有"讨论虚构事务"的功能，也就是可以用语言说出对未来的想象，还可以编故事等。这些特性足以让语言帮助人们在地球上建立起各种社交活动、工作学习合作机制、社会科学体系等。

最早的声音并不是来自生物的发声器官，而是通过生物的身体部位与流体作用偶然发出的，动物们听到以后，产生了类似于"练习"的行为来模仿、控制它们所发出的声响。而发声器官的进化也随着动物对声音掌控的优化而优化，控制一切活动的器官则是动物的大脑，其中，人类的大脑尤为发达。比起低级动物，人类的大脑可以将视觉记忆储存为图像，形成自己的数据库，需要输出的时候，再将脑中的数据库调出来，在大脑里将这些具象信息变成信息流，最后通过语言传递给其他人，完成语言信息的传递。

在语音形成的初期，语言传播信息的特点其实并未发挥太大的作用，人类仅靠一些简单的词汇进行交流。随着原始人类看到和接触到更多的事物，现有词汇已经无法满足他们的表达需求，于是就开始陆续出现新的词汇来指代某一个物品。当新词汇层出不穷，已经发展到十分冗杂的阶段时，渐渐就出现了句子结构，并对原有词汇进行了精简和优化。虽然如今的信息传递已经有了多样化的手段，但不可否认，正是语言的产生为人们带来了信息构建的基础，从而让人们可以借此进行复杂的社交生活，也让人类大脑不断随之进化，优化自己的思维能力，进一步完善其行为能力。

在文字出现以前，语言作为唯一的信息传递方式主要就是依靠听觉，而传播语言的载体就是人类的发音器官，由发音器官发出的声波通过空气传播变成了声音，接收终端则是人类的听觉器官。

以语言为开端，人类正式与低级动物区别开来，成为了真正的"智慧生物"。语言的产生开启了第一次信息革命，人类社会也由此构建。

在完全没有移动通信，也完全谈不上电力的上古时代，语言传递信息的环境十分受限：信息的发送者和接受者都必须是人类，而且必须是面对面的传输，信息互通的时间和空间都受到严格限制。虽然信息传达质量很高，可一旦变成远程操作，就会出现问题，哪怕是在当今社会，只要是口耳相传的信息，最终几乎都会走样。

口传信息的弊端所造成的悲剧，在奴隶制社会已经司空见惯。16世纪末，英国戏剧大师莎士比亚借古讽今的巨作《裘力斯·恺撒》问世，淋漓尽致地展现了在罗马奴隶制的社会环境下，统治阶级、贵族对于话语权的掌控所酿造的历史悲剧。功勋盖世的恺撒掌握罗马统治大权，在即将称帝的时候，其执政官、共和派代表凯歇斯联合其他贵族，说动了恺撒身边颇有权势的执政官布鲁托斯，谋划刺杀恺撒的行动。行动成功以后，恺撒的心腹安东尼假意与共和派修好，布鲁托斯一念之仁，允许安东尼在罗马民众中发表演讲。岂料，安东尼借着演讲的契机，煽动罗马民众，引起众百姓对共和派的仇视，造成动乱。凯歇斯和布鲁托斯被迫逃亡，最后自杀。

在信息闭塞、百姓思想受到钳制的奴隶制社会，舆论的煽动成为统治阶级对大众洗脑的有力工具。当恺撒死于共和派的刀下时，全城动乱，布鲁托斯站上舞台告知大众，恺撒是如何独裁和如何凶残的，如果让他称帝，罗马将陷入黑暗统治。布鲁托斯慷慨激昂的语气、义正词严的态度，让惊慌的罗马民众瞬间团结起来，他们高呼"布鲁托斯"，憎恶恺撒的恶行，认为他死有余辜。然而，当布鲁托斯离开以后，安东尼登上舞台，表达对恺撒的沉痛悼念，歌颂共和派的正义行动，在博取大众共鸣之时，趁机循循善诱，将矛头反转指向共和派，并出乎意料地开始将恺撒的种种英雄之举娓娓道来。在百姓们处于茫然的关键时刻，安东尼掏出一卷羊皮纸，称是恺撒的"圣旨"：要将自己的田地、资产全部赠予百姓。这毫无疑问是安东尼的杀手锏，那卷羊皮纸其实什么都没写，但民愤早已激起。罗马百姓们开始沉痛怀念恺撒，为他歌功颂德，并齐刷刷地攻击共和党中参与刺杀行动的贵族，最后酿成悲剧。语言的力量可见一斑，由语言传输所带来的效果非常强烈，但它的弊端也在这部剧里暴露无遗。

当人类社会开始以后，对于远程信息互通的渴求和对于异国语言互通的愿景也随之而来。

回到圣经巴别塔的故事。《圣经》（尤其是 King James 版本）作为西方人文学科的必备读物，至今仍为西方文学和艺术创作贡献各种灵感。巴别塔的典故自然也成为电影人的创作源泉。2006 年 11 月，电影《通天塔》在美国上映，获奥斯卡多项提名。电影叙事手法独特，将观众置于上帝视角（也称全知视角），却在影片里呈现多重半知视角，展现了强烈的戏剧张力和对事件的精巧叙述。故事虽然发生在现代社会，但依然借助巴别塔的宗教隐喻，传达出因信息沟通不畅导致各个国家人类家庭的悲剧的担忧。但与巴别塔典故不同的是，开头和结尾略有颠倒之势：《圣经》中的故事，是人类由沟通顺畅到语言不通、沟通不畅而引发失败；而电影《通天塔》则是各个国家的人们在语言不通、沟通失败而引发家庭悲剧的情况下，逐渐相互交流和理解。可见，无论故事是什么样子，人类对于信息互通的愿望一直存在。因为它是提高社会工作效率和构建社会和谐人际关系的关键所在。当上古时代的语言传递已经无法满足人类社会对于远程信息交流和打破时间、空间的要求时，文字出现了。

文字创建文明

在文字发明以前，人们如果需要记事，就采用结绳等方法。"上古无文字，结绳以记事"，上古时代的中国人和秘鲁印第安人都有结绳记事的习惯，并且各自有一套十分系统甚至复杂的记录方法。单靠语言传输会造成误传，这是由语言信息的不稳定性引发的。如果我们需要将某些信息一代一代地传承下去，就必须要有可以承担这个任务的新载体。文字的出现解决了这个问题，让信息不仅能够分享，还能记录。

世界上最早的文字可追溯到大约公元前 3000 年，古埃及的圣书字和两河流域的楔形文字记录了古埃及帝国、古巴比伦王国和古波斯王朝的历史故事。这两种文字在公元前后已经绝迹，但在近代考古学家的探索下，它们重见天日，如今已进入博物馆，作为文字史上的重要见证而存在，堪称文字的化石。

中国最早的文字起源于何时，已难以考证。商代出现了刻在龟甲和兽骨上的文字，也就是甲骨文。同语言产生之宿命论说法类似，文字的发展也有迷信之说，然而却又和语言迥然不同：文字的推广，巫师在其中扮演了重要角色。

上古时期中国就出现了巫师。在物质匮乏、精神缺失的奴隶社会，巫师的出现在某种程度上给予人们一种信仰寄托。从唯物辩证法的角度来说，宗教这种比较虚无的学科，其实只要应用得当，是有利于社会和谐的，而早期的巫术也是如此。

最早发现的甲骨文主要记录的并不是历史，而是吉凶。到了殷周时代，巫术已普遍成为统治阶级的工具，而巫师的地位也从平民百姓跃升为统治贵族。现在的影视作品当中，我们也依然能看到巫师在古时统治阶级心目中的重要地位，如韩剧《拥抱太阳的月亮》、国产剧《琅琊榜之风起长林》等。这些巫师虽然说不上杀伐决断，但他们凭借自己广博的学识、巨大的声望来取信于人，并且巫、史不分：春秋战国时期，许多史官都善于占卜。正是由于百姓对于神鬼的深信不疑，作为神鬼代言人的巫师自然也推动了文字的发展，因为他们除了占卜，也负责加工整理原始文字，使之成为成熟的文字并流传下去。巫术的发展和巫师的社会地位对于文字的推广做出了很重要的贡献。

在中国漫长的历史进程中，经过无数先辈的努力，文字历经了甲骨文、金文、大篆、小篆、隶书、草书、楷书、行书等阶段。在春秋战国时期，由于经济文化的繁荣昌盛，大篆和六国古文作为中国文字得以广泛应用；秦始皇统一中国后，小篆统领全国文字，并在之前的基础上作了简化处理。文字作为一种远程信息传输工具，让我们对世界的理解有了传承的力量，让古代的老百姓能够了解到文艺界和政治界的大事：无论是春秋战国时期的孔孟韩非那深刻的哲学思想，还是一国之主发布的诏令，哪怕是大字不识的平民百姓，也能通过文字和语言的传播知晓一二。与此同时，民间的言论和百姓的生活则通过语言相传逐渐编成歌谣，这些歌谣后来也被整理成了文字，传到统治阶级耳边，进而也促进了官民之间的相互了解。

这些歌谣先在民间口耳相传，后来逐渐以文字记载的形式流传下来，形成了我国最早的诗歌总集《诗经》。

《诗经》的形成，横跨西周初年至春秋时期，前后历经五六百年，最终成书于春秋中期。早期的《诗经》以篆体字记录。这部璀璨精妙的中华经典内容丰富，上至贵族文人的宗庙乐歌，下至平民百姓的农业劳作，毫无疑问是中华文明的瑰宝。今天我们之所以能读到这部经典之作，归功于它背后无数的华夏子民和推动它流传的学者官员，因为《诗经》的传承，在信息落后的上古时期是一项庞大的工程。

《诗经》中的大部分诗作来自民间，单收集工作就困难重重：百姓口耳相传的范围十分广泛，以黄河流域为中心，南至长江北岸，再扩展到江汉流域。其次，这些口传民谣的收集历时长，文字整理也很缓慢：在毛笔和造纸术发明以前，文字都是刻在简牍和丝帛上，耗费巨大的人力和物力。幸运的是，由于采诗官们的辛勤和耐心，这些困难最终得以克服。

《诗经》的成书和流传，离不开它背后的功臣们。

第一位是西周采诗官尹吉甫，除了采集和编纂以外，他还参与了《诗经》的一些篇章创作。到了春秋时代，出现了一位老师，他对《诗经》进行了修订，并以诗教授，在他的弟子中广为流传，影响力巨大，这位老师名曰孔仲尼，即后来大名鼎鼎的孔子。

孔子修订和编纂了《诗经》以后，由弟子"七十二贤"之一的子夏担任传承的重大使命。到了西汉时期，先后有申培公、辕固生、韩婴继续传诗，传下去的诗篇分别称为齐诗、鲁诗、韩诗，合称"三家诗"。三家诗先后失传，至今仅存 10 卷韩诗。

现在我们读到的《诗经》，是毛公传下来的"毛诗"。在前人编纂的基础上，毛诗的全书有一篇序言，被称为"大序"，每一篇诗下面都有小序，作用是介绍本篇内容、意旨等，被称作

"毛诗序"。这些序言是中国第一篇诗歌理论的专论，为后来中国诗歌的理论发展奠定了基础。虽然"毛诗序"和"大序"在当时引起了些许争论，但它们是文字发明以后，信息得以传承和总结的结晶。正是由于有了这些结晶，才奠定了我国儒家诗学传统的开端，书写了我国灿烂的古代文明。

比起单靠语言的面对面同步传输，文字的应用打破了时间和空间限制，引发了第二次信息革命。

中国汉字字体，于东汉末年正式宣告以行书收尾，完成了其发展之路。

文字的成熟和广泛应用，为人们的信息记录和远程通信带来了重要突破。古时的人类社会主要将文字用于信件、历史记载等重要事宜上，配合语言传播，让第二次信息革命得以蓬勃发展。早期人类以各种石器、金属工具作为书写用笔，后来西方有羽毛笔，中国有毛笔。在造纸术尚未出现和不成熟之时，西方人将文字写在羊皮卷和纸莎草上，中国则用简牍和丝帛作为文字载体。丝帛虽轻巧，但不易得到，价格也十分昂贵，因此古人多用简牍，其中以竹牍、木牍居多。借助简牍上的文字，加上古人的勤奋，许多历史信息和文学作品虽然在落后的传播技术下缓慢流传，但也幸而得以保存。依靠文字记载，人类文明不断开疆拓土，留下许多珍贵文献，流传至今。

其中令人顶礼膜拜之作，当属《史记》。

《史记》集历史性和文学性于一身，其为中华历史文化所做出的卓越贡献世人皆知，但它背后的成书过程和传递经历则无比艰辛。太初元年（公元前104年），汉朝修史官员司马谈临终之时，将撰写史书的遗命留给儿子司马迁。子承父业，而又励精图治，司马迁秉承父亲遗愿通读史料，游历全国收集相关资料。创作期间，这位史学家磨难重重，经历了创作的艰辛和政治酷刑。他耗费10多年的光阴进行撰写，又继续耗费另一个10年进行修改，用尽毕生心血终于成书。由于书中有不利于汉武帝的评论，成书之后，司马迁不得不小心翼翼地将其藏匿，使其不在民间流传。直到汉宣帝时期，司马迁外孙杨恽上书皇帝，该书内容才开始在民间逐步为人知晓。

《史记》的问世，无疑是中华文明史上的一个里程碑，该书的史料收集耗时多年，撰写又花了10多年，成书前后总耗时20多年。在造纸术还未大规模出现的西汉时期，司马迁用毛笔写在简牍之上。50多万字的纪传体通史，共耗费240万片竹简。在如今书籍印刷便利，并常配有电子版本的现代社会，一个稍大些的旅行背包甚至一个极轻的Kindle便可装下这一巨著，而在那个时期却可装满很多辆马车，占据藏书阁很大的空间。由于最早的版本是以简牍为载体，加上篇幅巨大，许多篇章已经失散，损毁不可避免。虽然杨恽为该书的流传不遗余力，但在传播手段和信息尚不发达的汉朝，《史记》的流传犹如细流一般在夹缝中缓缓流淌。

历史就是如此有趣：旧的东西正在消逝，新的东西正在破土而出。

当人类有了比之前记事方法更为先进的文字，便摒弃了落后的结绳方式，创建了人类文明；而简牍和丝帛作为文字的载体，随着更先进技术的出现而退出历史舞台，这种更先进的技术就是印刷术。

印刷术推动古代文明

信息的远距离传输，即便在需求并不太多的古代，人类的这个愿望也一直存在。为此，智慧的古代人民绞尽脑汁开创了很多远程传输的方法，比如狼烟、烽火、驿站快马和信鸽。

西周时期，用烽火台传递信息的方法已经成熟：从国都到边境，沿途建立烽火台，用于军事信息传递。当有敌人入侵时，哨兵会点燃烽火，让周围城池的守卫军队看到，他们再依次点燃烽火，将信息进行远程传输，援军便及时奔赴前线支援。毫无疑问，它是当时国家军事要塞，事关生死存亡。

穿过历史烟云，周幽王烽火戏诸侯的典故流传至今。周幽王的宠妃褒姒不爱笑，为博美人一笑，周幽王听信奸佞之臣虢石父的谗言：点燃烽火。狼烟四起，诸侯一见，以为天子告急，迅速率重兵前来救驾。到了以后，却不见任何敌军，只看到周幽王与褒姒在饮酒作乐。群臣慌乱，此场景被褒姒看到，不禁一笑。周幽王大喜，此后多次用同样的方法取悦褒姒。于是，狼来了的故事上演，后来敌军真的攻占国都镐京，烽火台点燃狼烟救急之时，却没有人再来，周幽王被杀，褒姒被俘，西周灭亡。这是古代远程信息传输最经典的故事。到了印刷术时代，人类社会实现的不仅是远程传输，还有信息的大量传输。

印刷术的产生，离不开造纸术的发明。在使用笨重的简牍过程中，人们不断探索新的文字载体以进行更为便利的信息传递。最早的纸以破布、旧渔网和麻绳头为原料做成，这种纤维纸由于做工粗糙，无法用于记录书写。到了东汉中期（公元105年），蔡伦用树皮对原有的纸进行了改良，制作出著名的"蔡侯纸"，并予以传授，使之从河南向各地流传。

东汉末年，三国两晋，历史在变革的同时，也为文化发展带来一个又一个黄金时代。春秋战国，哲学思想百家争鸣；两晋时期，书画名家层出不穷。以东晋书法家王羲之为代表，作品不断，也由此推动了书画用纸的大力发展。这时的造纸原料加入了麻和楮皮，提升了书写纸的质量。

唐宋时期，诗词鼎盛，竹纸兴起，在文人墨客中大受欢迎，纸张种类也走向了多样化：除了竹纸，还有麻纸、皮纸、藤纸，且制作技艺不再单一。原料的选择也扩大到了竹浆、稻秆和麦草。

由于造纸术的发明，信息记录的成本大大降低，《史记》等作品的传播速度终于得以提高，人们可以手抄图书将其流传下去。

清代中期，我国手工造纸技术已经非常发达，纸张质量上乘、品种繁多，加上人们希望信息可以传得更远，为第三次信息革命提供了坚实的后盾。

历史在不断演进，随着时间的推移，人们对信息传递提出了更高的要求，印刷术呼之欲出。

基于印章雕刻的灵感，我国最早使用雕版印刷术，以坚硬的木头为原料雕刻出反字，再着墨、刷抹。这种印刷术所成之书样式精美，现留存下来的《金刚般若波罗蜜经》雕版印刷品依然还能被现代人所看到，一些博物馆也设有雕版印刷体验活动供游客亲自操作，以体会中国古代技艺的精湛。比起手抄书册，雕版印刷术无疑大大加速了书本成品的制作速度，提高了信息传输效率。然而，其弊端也是显而易见的：每一种书必须雕刻一套印刷版，成本高，占用空间大，而且印刷色料容易混杂，导致色块界限分明。为了解决雕版印刷所造成的各种问题，有人发明了活字印刷术。

北宋庆历年间（1041－1048 年），平民发明家毕昇用胶泥首创活字，发明了活字印刷术。作为我国四大发明之一，活字印刷术解决了雕版印刷术的弊端，并且可以反复使用，排版比之前更为灵活。基于活字印刷术的技术思路，元代王桢以木活字替代胶泥活字，又发明出轮转排字架，之后又陆续有了锡活字、铅活字等等。活字印刷术的产生，让信息革命再次发生重大转折。得益于宋元时期的中欧文化交流，活字印刷术逐渐流传到了欧洲，进而引发全世界信息传递技术的变革，古代文明盛况空前，传统出版体系也正式形成。

印刷术起源于中国，量化使用却在西方。

当我国唐朝的麻纸技术传到西方国家之后，成本昂贵的羊皮纸逐渐被廉价的麻纸取代。令人唏嘘不已的是，当中国逐渐走向闭关锁国之时，西方的工业革命却强势兴起，造纸技术从手工制作发展成机器生产。当印刷术流传到西方以后，西方人开始想办法使之量化。1455年，德国人谷腾堡发明铅活字，之后成功实现机器印刷技术，信息传递效率取得了质的突破。所谓时势造英雄，印刷机器的大量使用，恰逢欧洲文艺复兴。自此，欧洲经济、科技、宗教、文学、艺术等方面的发展呈爆炸之势，迅速席卷整个西方资本主义社会，为丰富人类世界文明宝库做出了巨大贡献。

印刷术的发达，将信息进行大量远距离传输，使承载着知识内容的书籍得以批量生产，快速流入社会。成本的下降，使平民百姓得以从书籍中获取知识和思想。在没有电视，甚至连电都没有的西方社会，人们对于信息的获取主要来自书本、报纸和信件，并通过书籍里承载的信息内容影响自己的日常生活。

当英国戏剧成为文学主流之时，戏剧作家大量涌现，剧本也编辑成书出版，进入大众视野。经过黑暗的中世纪和晦暗的斯图亚特王朝复辟的岁月，处于乱世中的人们靠阅读书籍聊以慰藉心灵，以家庭为单位，开展戏剧表演娱乐活动，或是将书中的内容以朗读的形式愉悦亲友，让人们根据书上的信息了解当时的政治和社会状况。印刷出版业的成熟运作让信息成功实现远距离传输，打破了地域的限制，让人们能读到异国作品，并加以吸收，促进本国文化的发展。英语文学之父乔叟受意大利诗人但丁《神曲》的启发，创作出《百鸟会议》，受薄伽丘《十日谈》的影响，创作出经典的《坎特伯雷故事集》，至今影响深远。到了18世纪小说鼎盛时期，许多名家将当时的社会现象写成小说广为流传，用自己的思想启迪大众，完成大众传播的使命。

书籍作为第三次信息革命的重要载体，不仅影响了人们的生活方式，还促进了新思想的发展。19世纪中期，英国著名作家夏洛蒂·勃朗特的名作《简·爱》出版，震惊文坛。彼时，英国经伊丽莎白一世的统治后已成为日不落帝国，但女性的地位仍然十分低下：几乎没有多少工作机会提供给女性，女子也没有继承权。而《简·爱》以女主人公继承了一大笔遗产，并掌管罗彻斯特先生的庄园结尾，这在当时十分大胆，甚至大逆不道。该小说的问世引起巨大轰动，标志着女权主义的开端，此后陆续有女作家崭露头角，通过自己的笔向广大读者传达女性意识的觉醒。回顾历史，不得不惊讶于信息革命对人类社会的精神构造影响之深远，而印刷术的发达得以让曾经的优秀之作重见天日。

这其中最具代表性的一个例子，就是美国意象派诗人艾米莉·迪金森的诗作。

迪金森一生孤独，虽然家世显赫，锦衣玉食，但她从25岁开始就独守深闺，闭门不出，过着与世隔绝的生活，遭到世人的误解。迪金森死后，她的妹妹拉维尼娅偶然发现她遗留下来的大量书稿，书稿中藏着一千多首诗作，方才知晓姐姐生前对于文学创作的极大热情。为了让这些诗作出版，拉维尼娅各方奔走，终于在编辑陶德的大力支持下，于1890年出版了迪金森的诗集。诗作问世后，文艺界才认识到这位天才诗人的创作才华。迪金森诗作展现出来的清新的意象、深沉的思想和独特的风格，打动着世人的心，一时好评如潮。

无独有偶，《史记》的作者司马迁在生前并未看到自己的作品流传于世，在信息传输落后的古代，《史记》的成书与出版时隔了好几个世纪；而相比之下，迪金森在死后仅4年的光景，诗作就在发达的印刷技术助力下广为流传。如果没有造纸术和印刷业的繁荣，恐怕迪金森的诗作会永久被埋没，只能在家人中互相传阅诵读，而西方文学界将会遗落一位与莎士比亚、列夫·托尔斯泰比肩的世界文豪。

第三次信息革命毫无疑问是信息革命史上浓重的一笔，人们通过文字和纸张实现远距离通信，通过阅读书籍了解社会事件，有了多样的娱乐，也有了偶像崇拜的现象。时至今日，在英国人深深的怀旧情结中，18 世纪前后是他们最向往的时代。在信息传递爆发期，人们日益增长的需求不断催生出更快捷的传播方式，当人们迫不及待地等待回信，又百般焦急地担心信件在递送途中是否遗失的时候，无线电登场了。

无线电引领近代文明

作为第三次信息革命的传承，用书籍和纸张传递信息的方式直到现在仍在广泛使用。然而，无论是信件邮寄，还是书籍出版，都存在延时的问题：信件从发出到接收需要好些天，甚至长达几个月；书籍从写作、修改、定稿到出版，需要的周期更长，而这种延时的问题日渐难以满足人们对于信息的迫切需求。无线电的出现实现了信息远距离实时传输，让人类社会告别了以往传统的生活方式，登上近代历史的阶梯。

在讲无线电通信之前，首先得说说电的产生。

从古代开始，就不断有人探索"电"，但几乎都走向了神鬼之说。真正开始对电的科学探索大约是在 18 世纪的西方社会，以美国著名科学家、政治家富兰克林为开端。富兰克林根据对天空闪电现象的研究，提出"电流"的概念，探索地面上是否也存在和闪电同种性质的电。他广为人知的风筝实验让此说法得到了充分的印证，并根据实验中的金属导体引流原理，发明了世界上第一枚避雷针。

风筝实验在西方世界引起极大的轰动，它证实了电流的存在，也为人们继续探索带来了曙光。1780年一个有闪电的日子里，一位意大利解剖学教授伽尔瓦尼偶然看到解剖桌上一只青蛙的腿发生了痉挛，于是满腹好奇，开始了长达十多年的研究，通过研究发现，这种现象是一种电流回路，他认为青蛙之所以发生痉挛现象是因为动物身上本来就有电的存在。1791年，伽尔瓦尼发表了关于蛙腿痉挛的研究成果，引发科学界轰动。然而，意大利另一位科学家伏特则对伽尔瓦尼的观点产生了质疑，他认为电不存在于动物的肌肉中，而是在金属中。1799年，伏特通过实验制造出世界上最早的电池，即伏特电池，相关论文在一年后于英国皇家协会发表。

电学的重大突破，也在这时悄然而至。

1791年9月22日，一个男婴降生于英国萨里郡一个贫苦的铁匠家里，在饥寒交迫的艰难岁月里度过了童年，在父亲的教导下养成了坚毅勤奋的品格。因为实在太贫困了，男孩未能进入学校接受正规教育，12岁时无奈做了一名报童，后又到一个订书匠家里做学徒。虽然没有接受正规的教育，但得益于第三次信息革命中的书籍普及，他在订书匠家里看到了堆积如山的书，出于对知识的强烈渴望，他开始如饥似渴地阅读，自学积累了很多自然科学方面的知识。《大英百科全书》中的电学内容吸引了他的注意力，他利用书中的知识，自学利用废弃物来做实验，并与朋友一起成立学习小组，积极参加科学组织。男孩的勤奋好学为他带来了机遇：在一位书店客人的引荐下，他聆听了著名化学家戴维的演讲，并私下整理好记录送给戴维。20 岁的时候，他当上了戴维的实验助手。

这个男孩就是世界电学之父法拉第。

1831 年，法拉第发现电磁感应现象，并通过实验得到产生交流电的方法，这一突破性发现，可以说对人类文明做出了巨大贡献。随后，法拉第很快发明了圆盘发电机，这是世界上第一台发电机。

1852 年，法拉第又引进磁力线的概念，奠定了电磁学的理论基础。在法拉第的研究基础上，英国物理学家麦克斯韦提出经典电磁学理论。科学的探索永远是站在巨人的肩膀上前行，德国物理学家赫兹在科研生涯中，用实验证明了麦克斯韦的电磁学理论，证实了电磁波的存在，并且改写了麦克斯韦方程组。通过实验，赫兹证明了电信号可以穿越空气，还通过紫外光对带电物体照射后产生的现象发现了光电效应。

电磁学理论的成熟完善，为无线电的产生奠定了坚实的基础。

关于无线电的开创和发明者，学界存在许多争议，而大国之间的科技竞争，从无线电开始就初见端倪。

英国人认为是麦克斯韦开创了无线电，因为他是最早提出电磁波存在的人；俄国人却只承认他们国家的波波夫；德国人认为赫兹才是无线电的发明人，因为他最早证明了电磁波的存在；了解特斯拉的人都承认特斯拉作为无线电之父的地位；但在意大利科学家的眼里，马可尼发明了无线电通信，且获得了诺贝尔物理学奖。

无线电的出现，是世界科技进步的必然产物，不是某个人的独创，而是科学家们共同努力的成果，它的应用推动了人类社会近代文明的发展。

1837年，英国人查尔斯·惠斯通和威廉·库克为自己研发的电报线路申请了专利。

1893年，美籍塞尔维亚裔科学家特斯拉在密苏里州圣路易斯首次展示了无线电通信。1894年，俄国科学家波波夫通过实验证明"电磁波可以用来向远处发送信号"，并发明制作出世界上第一台无线电接收机。同年，年仅20岁的马可尼开始进行电磁波的远程传输实验，并在1895年成功将传输距离延长到2.7公里；1896年，他抱着自己的简陋发射机器跑到英国，再次将实验距离延长到大约 14.4 公里；1897 年 7 月，马可尼无线电电报与信号有限公司成立。

1901 年，马可尼成功完成横跨大西洋上 3 600 公里的无线电通信，而在此之前，他的无线电报已经投入商用；与此同时，波波夫把无线电投入军用，并建立起 40 多公里的无线通信网。

第四次信息革命宣告来临。

谁才是真正的无线电之父？时至今日，争论从未停止，但科学家们为人类社会进步做出的卓越贡献将永远被世人所崇敬和铭记。

在电报的基础上，后来又诞生了电话和广播。

20 世纪初，有声广播问世，最早是航海无线电报，采用摩斯电码。该电码是一种信号代码，用于早期的无线电通信，其编码清晰简单，因此在战争中也常用于地下情报工作，这一点在国产电影《风声》中得到了很好的诠释。

在马可尼的远程无线电实验取得瞩目成就之时，中国已不复春秋战国时百家争鸣的盛况，造纸术和印刷术所成就的文化盛世也衰落了。清朝末年，天下民不聊生，统治阶级摇摇欲坠。

采取闭关锁国，拒绝近代科学技术的清王朝，在 1840 年被英国用先进热武器攻击，开始付出惨痛代价。清朝末年，在洋务运动等因素影响下，由维新派领袖汪康年、梁启超等创办的《时务报》第 25 册刊登了中译版《无线电报》，该事件成为无线电通信技术引入中国的开端。

历史的车轮开到了 20 世纪，无线电通信大行其道，马车、信使作为信息传递枢纽的时代不复存在。

第一次世界大战爆发，天下百姓陷入苦难，而无线电却大量投入军用，迎来了自己的辉煌。参战国的指挥官利用无线电作为信息传递的重要渠道，得以快速掌握战况。到了第二次世界大战，在美国大约有 6 万人拥有无线电台执照，其中约 90％为战争和军事工业服务。而纳粹德国想要占领别国，最初的手段就是控制电台。作为无线电技术的终端产品，在中国，广播电台和收音机也成为中共地下组织传递情报的主要工具，如今也依然是国家安全稳定的重要工具。中华人民共和国成立后，无线电在和平发展的时代已经全面普及。

广播是无线电的一个重要载体。

1994 年，美国作家斯蒂芬·金的作品《肖申克的救赎》被搬上大荧幕，若不是同期有《阿甘正传》，该影片必将囊括奥斯卡所有重要奖项。虽然惜败奥斯卡，但影片口碑却取得压倒式的胜利。片中出现多个经典场景，其中有一个是这样的：安迪在典狱长的办公室发现了唱片和留声机，以及配套的无线广播设备，于是临时起意，擅自播放唱片，并锁上门，打开广播。当时正值午间，所有的犯人都在操场上活动，这时操场上的高音喇叭响起了音乐声，所有人抬头、驻足，广播里传来莫扎特的歌剧《费加罗的婚礼》第三幕的歌声，响彻整个肖申克监狱。

无线电广播作为战争的主要信息传递方式，这在奥斯卡获奖影片《国王的演讲》中得到了很好的诠释：乔治六世因患口吃无法在公众面前演讲，在语言治疗师罗格的悉心帮助下，终于克服重重障碍，在二战前发表了鼓舞人心的演讲。第四次信息革命实现了语音的同步远程传输，突破了文字、距离和延时的限制，使人们通过声音直接获取即时的信息内容，并感同身受。安迪播放歌剧音乐，让服役的犯人们体会到片刻的自由；战争年代的英国，乔治六世通过无线电技术进行鼓舞人心的演讲，震撼人心。无线电所带来的大众传播优势，于此可见一斑。

印刷术让文字借由书籍得以传输；无线电成就了广播；电话和电台让语音突破了时空，可以进行实时传输。信息通信历经变革，在实现文字和语音的传输之后，将走向图像和视频传输的道路。

接下来，大众传媒开始登场，将信息传播推向新的高度。

电视推进现代文明

每一次技术革新都伴随着争议，信息传递技术作为人类文明进步的标志之一，更是处于争议的核心。2016 年 11 月 11 日，国际著名华人导演李安新作《比利·林恩的中场战事》在中国上映，首次使用 120 帧拍摄技术，具有比普通 3D 电影更逼真的身临其境之感，但也不可避免地引来许多争议。而电视的视频图像传输研发技术同电影类似，利用人眼的视觉残留效应显现一帧一帧渐变的静止图像，形成动态画面。

如果说无线电的发明者充满争议，那么电视的发明问世则伴随着幕后功臣们的辛酸血泪。

电视最早出现在1925年的英国，一位叫贝尔德的人制造出一台机械式电视机。该电视机的制作材料几乎是废料：用自行车灯做成光学器材，用搪瓷盆来搭框架。然而，这个外形像个黑盒子的机器里却能看到模糊但栩栩如生的木偶图像。贝尔德致力于用机械扫描技术来研制电视机，并在1928年研发出第一台彩色电视机。受无线电的启发，他大胆假设：电既然可以用来传输语音，那么也能用来传输图像。然而，就在贝尔德吸引了投资商的目光时，美国发明家法恩斯沃斯以电子技术制作出的电视机一举击溃机械技术，并很快占领市场，最后贝尔德不得不抱憾离世。

法恩斯沃斯自小就是个天才少年，在贝尔德钻研用机械技术制造电视机时，年仅14岁的他就有了截然不同的直觉：机械技术是无法传输图像的，电子技术才有这个可能，因为机械的运转速度永远不可能达到可以捕捉电子信号的程度。根据法恩斯沃斯的推理，画面如果转换成电子流，就可以像无线电波一样在空间换波，最后再由接收终端聚合成图像。

高中毕业以后，法恩斯沃斯进入杨百翰大学，却由于家庭变故不得不中断学业。他搬到旧金山为研制电视机而艰苦努力，并在 1927 年研发出第一台可以运转的电视接收机和影像管。当法恩斯沃斯的努力终于引起投资商的注意并被政府授予专利证书时，美国广播公司突然跳出来与法恩斯沃斯争夺发明权，该公司认为法恩斯沃斯 14 岁未成年就有研发理念是一个谎言，并以他大学未毕业为借口，力证法恩斯沃斯不可能拥有发明电视机的能力。虽然法恩斯沃斯拿出有力的证人和证据为自己赢得了官司，但已经没有资金来推广自己的发明。

更糟糕的还在后面。

1930 年，位于旧金山的法恩斯沃斯电视机实验室来了一位客人，自称是电视机兴趣爱好者，特地造访法恩斯沃斯并向他请教，还花了三天时间在实验室参观。3 年后，美国无线电公司制造出了电视机并大肆宣传。这时，法恩斯沃斯才知道，3 年前来造访的客人是该公司雇用的电视机发明家佐里金，此人当时虽然制造出一台样机，但成品效果不佳，为了搞到核心技术，他隐瞒身份来窃取。当时各大电子厂已经与美国无线电公司签订了专利使用合约，因此都不敢给法恩斯沃斯投资。于是，又一场专利持久战官司开始了。这场官司又臭又长，美国无线电公司败诉后又再上诉，足足拖了好几年。

当法恩斯沃斯终于合法拥有电视发明专利权以后，他几乎

身无分文，加上第二次世界大战即将开始，美国政府被迫暂停
电视机工业。等可以再次生产时，法恩斯沃斯的专利已经过了
保护期限。瞅准这个时机，美国无线电公司开始批量生产电视
机，并且大肆宣传，把当初窃取法恩斯沃斯机密技术的佐里金
一举捧成电视之父。犹如看着特洛伊木马攻城的老国王那样绝
望和无力，法恩斯沃斯心灰意冷，黯然返乡，卧病不起。

虽然电视机的开创从一开始就较为悲壮，但这无法阻止它
席卷世界。

1936年11月2日，这一天是世界电视事业诞生日，英国
BBC公司正式播出电视节目。1939年纽约世界博览会上，电视
机大出风头，并在战争结束后开始普及，为人类社会的现代文
明添光加彩。

1954年，美国无线电公司推出第一台彩色电视机，但图像
质量着实太差，加上装置成本高昂，许多家庭还是选择黑白电
视。到了70年代，通过电视设备所传递的信息开启了多元化的
路线，因为此时多路传播电视设备研制成功，这就意味着人们
可以看到多样化的电视节目，满足了不同观众的需求。

电视的普及，标志着多媒体的诞生，它集声音、文字、图
像和影像于一身，让信息传输实现了实时、大规模和远距离。
更重要的是，大众有了直观感受，信息这个载体从此开始有了
感情色彩。

这样的感情色彩，在越南战争的报道中尤为典型。

在早期的战争中，受英雄主义和浪漫主义的影响，绝大多数美国士兵都骁勇善战，民众耳闻目睹的全是战争中英雄人物的光辉形象。随着时间的推移，情况出现了反转。特别是到了战争后期，美国出现了强烈的反战浪潮：许多和平组织举行大规模示威游行，大学生积极加入反战运动，流行歌手纷纷推出反战歌曲。美国人民对战争的态度之所以发生如此大的转变，很大程度上就是因为电视报道。当人们在电视上看到血淋淋的战争场面和残酷的枪杀时，视觉上受到了巨大冲击。电视媒体与报纸、广播所传递的信息影响力完全不同：报纸和广播所播报的战况、伤亡人数对于普通民众而言没有强烈的代入感，但电视直接将画面呈现，让大众产生直观强烈的感情。民众通过电视播放的残酷画面终于意识到：原来《永别了，武器》和《太阳照常升起》呈现的场景才是真实的，战场上根本没有所谓的英雄和浪漫，只有赤裸裸的血腥杀戮和绝望。

电视机作为多媒体的重要载体，让信息传递的方式更加丰富、更有感情和冲击力。它的问世成为现代文明的代表之一，随着电视在中国的普及，它也成为平民百姓家的标配。

1958 年 3 月，中国的第一台电视机被制造出来，研制单位为国营天津无线电厂。进入 80 年代，电视机加速发展，成为信息传播的主导力量。相比较无线电广播，电视不仅可以接收到各类社会新闻，而且有声音有影像，给老百姓带来更加形象的直观体验，且兼具娱乐功能，一经问世就成了稀罕物品。那时只要谁家有电视机，一到晚上，周围没有电视机的邻居都会聚到他家一起观看电视节目。老牌的电视机品牌包括"飞跃""金星""牡丹"等等。拥有电视机被视为财富的象征。在中国城市的大街上，只要橱窗里展示的电视机在播放节目，一定有人聚集观看。到后来有了彩电，一些国外电视机品牌也相继进入中国，其中以日本的"东芝"最广为人知。

1994年，北京电视台隆重推出一档集知识性、娱乐性、趣味性于一体的大型综艺栏目《动物乐园》，该节目由日本东芝株式会社特约冠名播出。节目一播出就大受好评，并且一播就是12年，尤其到了著名主持人王刚担任园主时期，节目收视率创下历史纪录。该节目不仅让住在城市的人们了解到自然界各种动物的全面信息，打开了人们的眼界，还让东芝电视机在中国大火了一把。那时，一台东芝电视机价格高达3 000元以上，相当于普通人一到两年的工资收入，但这丝毫不妨碍东芝电视机的大卖。

与传统纸媒、无线电广播最大的不同是，电视机所带动的节目开发，为人们带来了多种娱乐，也带来了寓教于乐的知识，人们对于信息的获取不再局限于政治演讲、战况播报、新闻时事。随着电视机的普及，各大电视台纷纷成立，并积极开设自

己的电视节目，发展以电视为载体的信息文化产业。1958 年 9
月，北京电视台（1978 年 5 月更名为中央电视台）经过细致的
筹备，首次正式播出电视节目，文化事业建设开始稳步发展。
虽然十年动乱期间北京电视台被迫停播，但 1978 年《新闻联
播》的正式开播拉开了中央电视台的序幕。经过几十年的发展，
中央电视台已成为国内最大的新闻舆论和文化传播阵地，承载
着国内外信息传递的重大使命。

作为第五次信息革命的载体，电视所传递的信息已不再局
限于新闻时事，还包括多种具有娱乐性质的电视节目，电视剧
产业也应运而生。

20 世纪 90 年代，电视剧《渴望》播出后，出现万人空巷
的盛况。该剧对十年动乱背景下小人物情感生活的刻画，引起
观众的深度共鸣，也侧面向观众展示了电视作为信息传递工具
的真实力量。此后，《北京人在纽约》播出，迅速蹿红。那时的
国人对于美国毫无概念，只知道那是一个遥远而陌生的国度，
而剧中主角们在纽约的遭遇和命运起伏牵动着亿万国人的心。
场景的展示，人物的对白，都让观众对于大洋彼岸那头的信息
有了非常形象的认知，这种效果是无线电广播所无法达到的。
无线电时期，信息在输出过程中不可避免地产生较大损耗，而
以电视为信息终端的产品则大大提高了信息传输的完整性。当
人们接收信息传递时，也有了比无线电更为舒服的体验。

电视的兴起和普及推进了人类社会的现代文明，但随着时间推移，已无法满足人们不断增长的个性化需求。当社会的物质条件相对富足，和平与发展成为时代主题时，普通民众的精神需求和信息互通的愿望便日益增长。世界文明的大融合以及经济全球化的最新趋势，对信息革命又一次提出了更高的要求。这一次，功能更强大的互联网登上历史舞台。

迄今为止，恐怕没有比互联网时代的到来更令人激动的了。

互联网引爆当代文明

电视让多媒体强势崛起，但它的信息传输是单向的，我们只能接受给定的信息，却不能把自己的信息传输出去，双向互通无法依靠电视来实现。互联网的出现，让信息传输达到了信息革命史上的最高水平，它有效集合了之前信息载体的所有特征：实时、远距离和多媒体，还兼具信息双向互通的优势。

1957年10月，前苏联发射第一颗人造地球卫星Sputnik，美国政府惊慌不已，连忙让国防部组建高级研究计划署（Advanced Research Projects Agency，ARPA）。1969年12月，ARPA将加州大学洛杉矶分校与圣塔芭芭拉分校、斯坦福大学研究学院以及犹他大学的四台主机连接起来，建立起用于军事的网络Arpanet，也就是阿帕网。这是最早的网络，采用包交换技术，运行速度只有50Kbps。一年后，网络工作小组制定出主机之间的通信协议，用来控制网络信号传输。又过了一年，通信软件研发成功，实现主机之间的通信，这就是电子邮件。电子邮件的诞生让网络通信立刻变得高效快捷。至此，阿帕网的规模开始不断扩大，于是又有了广为人知的 TCP/IP 协议。

时间来到 80 年代初，计算机网络变得十分多样化，包括 USENET、CSNET 等。由美国国家科学基金会资助建设的广域网 NSF 的出现，对互联网的发展起到了较大的推动作用。早期的互联网用于高校科研，随着主机数量急剧增加，越来越多的人把互联网当作信息交流的工具。到了 90 年代，随着浏览器和网页技术的出现，互联网迎来高速发展，1995 年，NSF 网正式投入商用，互联网开始席卷全球。

第六次信息革命随时准备引爆市场，为人类社会带来一场盛大洗礼。

1994 年，中国政府支持建设 CERNET 示范网工程，建立起全国第一个 TCP/IP 互联网。张树新创立了国内首家互联网服务供应商瀛海威，互联网由此开始走入千家万户，并且很快进入飞速发展阶段。从最开始的四大门户网站（网易、搜狐、腾讯、新浪），到现在的多媒体和电商蓬勃发展，人们对于网民身份已经再熟悉不过。相比较电视传输，互联网承载的信息传递更加完整，人类当代文明也因互联网掀起的信息风暴而璀璨多姿。

1998年为中国互联网发展的重大转折之年。这一年6月，一代经典微软Windows98操作系统发布，IDSN在国内普及，BBS论坛和在线聊天迎来黄金发展期。互联网带来的变革，也推动了娱乐文化产业的巨变。也是在这一年，第一部网络小说《第一次亲密接触》进入人们的视野。该小说以网络聊天为故事主线，现在看来，情节显得比较老套，彼时却大受欢迎。这部充满着纯洁、调皮且又悲情的网恋小说作为网络文学的开端，拉开了大众网络文学的序幕。自此，网民读者的口味水涨船高，网络上的好作品层出不穷，后来催生了一大批在互联网上名头很响、圈粉无数的著名网络作家，如南派三叔、唐家三少、流潋紫等。

走在信息革命最前沿的人，不少成为获益者，甚至被载入史册。在互联网的第一波浪潮中，在一线搏击巨浪的人很多成为了当代文化的优秀代表，有的甚至大大改变了社会进程和人们的生活习惯。

随着互联网在国内的起步，一批理工科学霸们嗅到了巨大的商机，开始悄无声息地发力。

1994年，在宁波电信局工作的丁磊首次触网，便感知到了互联网的乐趣。一年以后，他不顾家人的强烈反对，从电信局辞职开始闯荡江湖，要知道，电信局可是当时很多人羡慕的好单位。但丁磊义无反顾，他一路南下，跑到广州打工两年，一年换一次工作，最后自己创业。1997年5月，网易公司成立。

令人吃惊的是，仅 3 年时间，即 2000 年 6 月，网易就在纳斯达克成功上市。

比起丁磊在事业发展上的几经波折，另一位学霸可谓顺风顺水。1996 年，带着风险资金归国的麻省理工学院博士后张朝阳创立爱特信公司，两年以后，公司推出自己的门户网站，同时更名为搜狐。张朝阳良好的教育背景和超强的执行力让搜狐的发展极为迅猛。2000 年 7 月，搜狐网在纳斯达克上市。

与这两位从校园出来没几年就创业的青年才俊不同，1988 年从北京大学毕业的王志东在软件研发和管理领域工作了 10 年时间，积累了大量经验以后才开始自立门户。1998 年，新浪成立，在王志东的带领下迅速发展，与搜狐同一年在纳斯达克上市。

差不多那个时候，QQ 也出现了。1999 年，OICQ 上线，主打即时在线聊天，这种打字聊天、远程与陌生人交流的方式迅速在中国市场抢占先机。虽然由于早期的名称惹来一身官司，但是改名后的 QQ 为大街小巷的网吧带来了巨大收益，腾讯公司随之继续研发出游戏、空间、农场等娱乐应用。虽然由在线聊天引起的社会问题层出不穷，负面新闻频出，但这丝毫不影响腾讯的大步前进。2004 年 6 月，腾讯公司在香港交易所主板挂牌上市。

中国互联网四大门户，一度形成四足鼎立的局面，作为第一梯队的互联网公司，至今屹立不倒。

2000年以后，网游兴起，博客流行，在互联网这一新兴产业中，马化腾、丁磊、张朝阳等人抓住了第一波信息浪潮的先机，也让大众体会到时代的变迁。

2008年5月12日，四川汶川发生里氏8.0级大地震，很快就登上国内外各大媒体头条。而中国政府和普通民众在这场灾难中以迅速、准确、高效的方式采取救援行动，在很大程度上受了互联网时代的影响。

地震发生仅25分钟，新浪网便发布准确的新闻报道，三大门户网站很快都推出地震专题报道相关进展，很快消息传遍全国。几小时之内，相关视频、博客、网络媒体报道不断更新。中央政府也迅速发布政策，实施紧急救援行动。

信息的快速传播深深影响到各个方面：尽管灾区通讯一度瘫痪，与外界失去联系，但各大运营商很快为灾区通讯开通免费拨打服务，灾区与外界的信息联通得以逐步恢复。由于信息传递方式比以往更加丰富，各路媒体不断实时跟踪报道，不但让全世界感受到中国政府的决策迅速、国民的凝聚力超强，也让人们见识了最新的信息传输方式速度竟然可以如此之快。

而所有这些，在信息闭塞的年代是根本无法想象的。传统媒体和新媒体在互联网的强烈冲击之下，让信息传递的速度达到最快，人们接收消息的延时问题被极大压缩。

这是糟糕的时代，信息爆炸带来不少社会问题：网瘾、网络犯罪、虚假新闻等；这也是美好的时代，各种信息高效互通，社会效益大大提升，透明度大大提升……

历史总是在不断进步，四大门户网站在移动互联时代都不可避免地面临转型，而腾讯公司突出重围研发出微信，再次成为了领头羊。

当互联网从 PC 端转向移动端，手机的作用开始大于电脑时，又一个崭新的时代呼之欲出。

这一次，功能更强大的智能互联网不再是电影里的科幻场景，而是逐渐进入人们的生活，并将继续改变这个世界。

智能互联网与第七次信息革命

在之前的六次重大信息革命的历史中，我们看到了信息传递和发展的脉络，在互联网助推信息革命跨越式发展之时，也提出了一个很重要的问题：第七次信息革命将会是什么？这个答案已经显而易见：智能互联网。

不过，必须要强调的是：智能互联网不仅仅是互联网。

此前，人们所说的互联网是传统互联网，它的主要任务是实现高速度的信息传输。最早的阿帕网是由一台台的服务器通过 TC 协议连在一起,到了商用时期,互联网解决的根本问题是实现信息的无障碍传输,并传达出互联网的基本精神:自由、开放和共享。

然而,智能互联网已经不仅仅是互联网,而是在传统互联网的基础上发展起新的信息传递体系,由移动互联、智能感应、大数据和智能学习等共同构建,其功能更为全面和强大,智能化特征更为明显。

移动互联是智能化的基础

传统的互联网是在每一台电脑之间建立起信息联系,每台电脑有各自固定的 IP 地址,用电缆和光缆来连接,其终端体系是固定的。

当手机有了上网功能以后,各种相关应用从过去的 PC 端逐步扩展到移动端,从最初的聊天应用、网页浏览器在手机上的使用,到如今几乎所有用户需要的应用都可以在手机上得以实现。移动互联是移动的,移动是整个移动互联的核心和基础,它的终端不再只是电脑,而是所有移动产品的终端,先有了手机,然后又有了其他的产品,甚至是汽车。

与过去的电脑上网不同,现在只要一部手机,即可打破空间限制,随时联网,想要知道的任何信息只需几个按键就可搞定。作为移动通信的终端产品,除了手机,iPad、智能手环等产品也层出不穷。随着互联网在人类社会的蓬勃发展，电脑已不再是唯一的互联网终端，移动互联才是当今世界的主旋律，并且会带来多米诺骨牌一般的效果，推动着变幻莫测却又有迹可循的信息时代向前发展。

由此可见，移动互联让使用场景成倍扩张，彻底打破空间的限制，而 5G 是移动互联的基础保障。

互联网作为当下信息革命的重要载体，将进化成智能互联网，引发新一轮的信息革命，走向全面智能化。

在如今这个信息大爆炸的时代，智能手机从问世到普及，为移动通信产业带来井喷式发展，也为今后的智能时代奠定了坚实基础。手机已不再单纯是一部用来通话和发短信的移动电话，而成为具备多种功能的智能终端机：打电话只是最基本的功能，而进行万物信息传递、移动支付，并且兼具各种多媒体应用，成为人们工作与生活必不可少的万用机，才是它的真正用途。

移动互联对于构建智能互联网起着强大支撑作用，很早以前，就有了移动支付的概念，但是这种功能在 2G 和 3G 时代都无法发展，主要原因就是网络通信能力还不强大，支付功能延时较长，反应迟缓。到了 4G 时代，中国的移动支付全面爆发，就是因为移动网络信号变得空前强大，4G 网络得以大面积覆盖。而 5G 必须为智能互联网的业务提供强有力的支撑，如果没有5G，智能互联网的作用将无法发挥，人工智能的应用也无法实现。

随着智能手机的普及，智能互联网初见端倪，各种移动智能产品开始影响着各个行业，并且将逐步实现人-物互联和万物互联。在当下，物联网已经初见端倪，之所以还未全面开花，是因为5G网络还未真正建立，一旦5G时代来临，移动互联必将掀起新一轮信息革命风暴。

这场风暴的最直观感受就是万物互联，而万物互联则依靠智能感应落地生根。

智能感应延伸了人类的器官

2018年3月30日，著名导演斯皮尔伯格神作《头号玩家》在中国震撼上映，燃炸整个电影市场。影片中隐藏的无数给动漫迷、电影迷、游戏迷的彩蛋让粉丝们惊叹不已，电影场景中营造出来的未来世界的重工业感、虚拟现实的无缝对接、所有人物佩戴"绿洲"游戏传感器并在虚拟世界获得真实触感、酷炫科幻体验爆棚的视觉冲击……让人沉迷其中，两只眼睛完全不够用。

很显然，这位好莱坞电影大师那超出常理却又逻辑缜密的想象力，让我们真切感受到了"没有看不到，只有想不到"的说法，整部电影中的人物佩戴传感器从头玩到尾的主线，以及无人机四处搜索玩家地理位置的画面贯穿其中，对未来智能感应的使用畅想达到了巅峰。

智能感应是物联网成功的基石，随着信息传播技术的发展和4G网络的发达，未来5G时代将以智能感应的蓬勃发展来为用户提供直观体验。而这把火如今正在强势燎原，虽然离《头号玩家》的高度还有很大的差距，但是现在市面上众多感应器已经被人们接受。这些感应器正对世界进行记录，呈细胞分裂之势，形成新的体系。

单从"感应"这一点来说，其能力就已经无所不在，光是一款智能手机就带有重力感应、压力感应、触摸感应、辐射感应、影像感应、人脸识别等诸多功能，并且还能通过各种智能识别，对外界进行感知。

其中最具代表的就是地理位置感应。现在的打车软件和一些娱乐应用上都可以自动识别地理位置，方便该应用针对定位向距离最近的出租车发送订单，或者为客户推荐相应的美食和娱乐活动。一些智能家居也可以根据客户的身体感应来开启和调节最适宜的温度。这种智能感应的产品不仅让用户的信息得以传输，还可以通过感应来获取更多的信息，甚至依靠客户的五官、皮肤和四肢来获取，使人类器官得以延伸。

可以确定的是，随着第七次信息革命的到来，更多的智能产品将不断涌现；而有的产品，还没等到物联网的辉煌时期到来，就已经在一轮轮残酷的厮杀中被淘汰。

1999 年，美国 Jawbone 公司在硅谷成立，早期主要研发国防相关项目产品和扬声器，声名远扬。到了 2011 年，这家公司开始推出 UP 系列健康运动手环，尝试商业化发展。公司创始人之一 Hosain Rahman 对征战市场雄心勃勃，并公开表示将来会做出时尚、防水、与智能手机相连接、续航时间长的高科技智能产品。然而，其竞争对手做出的手环已经具备屏幕、睡眠状态识别等多个功能，而 Jawbone 手环功能单一，每一版本的产品都毫无新意，加上硬件条件欠佳，市场价格昂贵，迟迟无法抢占市场份额。更糟糕的是，手环市场也并不景气，据市场研究公司 Endeavour Partners 统计，大约三分之一的智能手环在购买半年以后就遭到弃用，成为名副其实的鸡肋产品。最要命的是，Jawbone 公司的管理出现了很大的问题：高层人事变动使得产品功能无法顺利研发，2016 年 5 月，该公司宣布停产手环，转向医疗领域。

手环的竞争其实非常残酷。当苹果、三星、Fitbit 等公司进入手环研发的领域后，Jawbone 公司陷入残酷的竞争，而国产品牌小米的手环制造商也积极加入智能手环的研发，并且与 Fitbit 并驾齐驱，在该领域独领风骚，加速了 Jawbone 公司的溃败。2017 年，Jawbone 公司宣布启动破产清算程序。精力和资金的困境加上一堆官司，Jawbone 公司的前景不知能否在物联网爆发时迎来逆转。

智能手环的原理其实并不复杂，核心是通过感应用户相关器官的工作情况来获取健康信息。记录和存储这些信息，能为用户提供直观的健康数据。人类对世界的最初认知就是依靠感官来获得的。智能产品的出现，帮助人类的感官有了更多的延伸，人类对世界的了解也通过这些感应器有了更深入、更广泛的信息。这些感应器在不断的感应中获得了大量数据，它们将这些数据保存、分析，形成不间断的记录和再分析，最终形成大数据。

智能感应设备不仅仅是手环，手环只是众多类型的产品中的一个代表。智能感应就是要把对世界的认知，从人的器官通过机器模拟出来，并且延伸得更远、更强。人类的五官眼、耳、鼻、舌、口，都可以通过智能感应来进行模拟，我们可以看不到甲醛、闻不到 TVOC（影响室内空气品质三种污染中影响较为严重的一种），但是可以通过智能感应感知到。除了日常生活外，大气质量如何、水体质量如何、山体是否要滑坡、井盖是否有位移……这些也都可以通过智能感应器进行感应。通过这些感应器，人类对于世界的认知会超越距离、体积等的限制，甚至会超越我们的五官能力，它们将成为人类智能化能力的重要保证。

大数据重建了认知世界的基础

首先，需要指出的一个误区是：数据不是数字。比起数字，数据的范围要大很多。前腾讯副总裁吴军在《智能时代》一书中曾对大数据进行了这样的描述：互联网上的任何内容，比如文字、图片和视频都是数据；医院里包括医学影像在内的所有档案也是数据；公司和工厂里的各种设计图纸也是数据；出土文物上的文字、图示，甚至它们的尺寸、材料，也都是数据；甚至宇宙在形成过程中也留下了许多数据，比如宇宙中的基本粒子数量。

不难看出，5G 时代，在高速度和低时延的信息传递下，人类对于大数据的使用将有助于加深我们对世界的认知，在这个认知的基础上，走在时代前沿的机构和个人会研发出更多的应用，以满足人们的各种需求和服务。随着 5G 的到来，大量的物联网应用被使用，这些物联网感应设备每天都会产生巨量的数据，这些数据远远超出了今天我们日常进行统计、管理的数据。

事实上，在互联网投入商用之前，国家相关部门就已经开始在使用大数据。其中，开始的时间最早、最典型的应用，是中央电视台的天气预报，其预测就是建立在对大数据的记录、建模、分析等基础之上的。随着 4G 时代海量数据得到大规模利用，大众已经可以感受到大数据所带来的种种便利。

随着互联网技术不断演化，大数据的应用如今变得更为快捷方便。之前，我们需要通过电视才能看到的天气预报信息，现在通过手机就可以看到。与电视上的天气预报不同，我们在手机屏幕上看到的信息更为丰富，除了某一天的气温，还能看到当天各个时段，甚至更长时间段如七天、半个月的温度和气候状况，以及出行和穿衣指南。此外，GPS 定位过去仅给政府有关部门使用，如今早已投入了商用，各种手机软件和手机服务器都拥有定位功能。所有这些，都是大数据成熟应用的结果。

1997 年，在第八届美国电气和电子工程师协会（IEEE）会议上，迈克尔·考克斯和大卫·埃尔斯沃思发表论文《为外存模型可视化而应用控制程序请求页面调度》，在文中首次使用"大数据"这个概念。2000 年，加州大学伯克利分校发布研究成果：将每年四大物理媒体（纸张、胶卷、光盘和磁盘）产生的原始信息由计算机存储量化，即所有信息可以用计算机内存单位表示。随着每年数据量犹如火箭般的速度扩大，"大数据"也正式成为海量信息流的代名词。

大数据这个概念，之所以现在全面爆发，很大程度上是因为智能互联网的迅速发展。强大的互联网为它提供了滋养的土壤和飞奔的跑道。5G 时代的大数据，将重建人类社会新秩序和人类认知世界的基础。

大数据的强势来袭不仅为信息革命推波助澜，也促进了信息的双向互通。就拿当下最常用的网络打车服务来说，在打车软件还没出现之前，出租车司机的服务态度并不友好。他们只是单纯地载客，而且都是一次性交易，不是长期合作的模式。因此，司机将乘客送到目的地后，一笔交易完成，再无任何额外服务：如果客人拿着行李，如果客人是年迈的老人，大部分司机并不会提供相应的服务，而乘客也一般不会为这种小事去投诉，这就意味着：由于没有建立起制约司机的评价机制，后期更不会有任何相关数据积累，于是司机的工作表现也不会受到约束。

然而，到了大数据时代，所有的打车和载客详细记录都会变成数据储存下来。在这个人-物相连的信息网络下，打车软件给所有的司机和乘客都提供了评价入口：乘客和司机在交易结束后都可以评价对方，而且其他任何人都可以看到这些历史评价。乘客如何评价司机将直接影响到该司机的业绩。打车平台将根据评价高低奖励或处罚司机（2018 年 5 月，因为发生空姐被网约车司机杀害事件，某网约车软件评价功能关闭）。在这种环境下，加入打车系统的司机就会在服务上做出转变。与此同时，司机也能看到某个客人的信用记录，从而选择是否接单。从技术上说，打车平台的所有评分、评语，都是有较高商用价值的大数据。

《智能时代》一书指出：大数据具有海量、多维和全面（或者说完备）三个主要特征。我们通过搜索引擎对关键词的搜索就可以充分感受到这些特征。当这些特征在不同领域得到充分发挥时，就一定会有意想不到的效果。思维引领发展方向，英国工业革命之所以会发生，是因为人们的思维方式发生了改变，于是才有了各种量产的机器。当前已经是大数据时代，在数据组成的信息流大环境下，人们的思维方式受到巨大冲击，甚至颠覆对世界的认知，这种冲击和颠覆也快速推动我们去重新认知这个世界。

大数据为我们对传统购物的认识带来了巨大变化，最深刻的体验就是电子商务，其背后强大的物流技术颠覆了人们对传统购物的认知，在该领域，国内的京东是个中翘楚。

当网购进入人们的日常生活并被广泛接受后，各种购物网站如雨后春笋般冒出来。与众多购物平台不同，京东的成功，一大关键源于它自主研发建立起来的一整套物流技术，这套技术囊括全部购物配送流程和全价值链：从前端交易，到产品供应链，再进入到核心的仓储、配送、客服和售后体系，最终细化到每个用户的购物和浏览记录。在这一系列过程中产生的数据积累，是京东大数据应用的基础保证。2008 年，京东的技术团队仅 30 多人，短短数年已发展到 4 000 人以上，其中大数据团队就高达 300 多人。更让人想不到的是，京东技术团队甚至可以根据大数据的存储判断出客户的购物情绪，从而为该客户配备擅长处理相关情绪的客服。如今，大数据库已成为京东的心脏，非核心技术人员都无法接近，想进入京东实习都需要通过重重关卡。技术团队对于大数据库的使用使京东的物流与其他物流公司相比具有碾压式优势，远远拉开了与其他物流公司的差距。

目前，一部分购物网站对大数据的使用还停留在早期阶段，以单向输出为主导，将产品按照主题划分：商品的种类、广告类别都是单线式的推广；而京东以客户为主导进行多管齐下：用户在京东除了能看到产品的主题划分和推广，京东的技术团队还为每一个客户建立起只属于该客户的数据银行。比如，浏览记录、下单商品、何时取消订单、是否再次购买等，每一个客户在京东网上所有的细微行动，都被完整保留并存储，形成完整的数据链。

大数据在京东使用的第二个方面是将所有客户划分为不同群体，并针对不同的群体，推送不同的优惠券、相关服务和产品。第三个方面是根据用户留下的数据进行预测，甚至可以精确预测出用户下一步鼠标会点击哪一个菜单。除了对用户侧的分析，大数据的应用也直接决定着企业的运营环节：配送站点和自提点的开放是否能全面覆盖某一个街区，整个物流链的成本效率能否有所提升等。强大的数据积累也直接影响到企业高层的决策。

值得一提的是，京东与产品合作方开展了不同于以往的合作模式。传统的供应商一般先做市场调研，再研发产品，进行测试后直接量产，最后下发零售店问世推广。而京东会对合作方开放相关数据库，让合作方根据数据库判断客户的购买需求，以此为基础，决定下一代产品的研发方向来贴合大部分客户的期望值。通过这样的合作模式，产品供应商大大降低了成本，提高了研发效率。用数据说话，已逐渐成为京东最重要的运营策略。大数据在电子商务领域的成功应用，证明了其极大的承载能力，以及人们思维模式的成功转变。

大数据的高度承载能力，对于社会发展和人们的工作、学习和生活等方面均具有重要的意义。尤其是，大数据的海量性、多维性和全面性，注定会催生出新事物，这个新事物就是凌驾于它之上的智能学习。

智能学习让机器超越人类成为可能

如果说人工智能是智能学习发展的终极产物，那么建立在大数据之上的智能学习就是人工智能的基本能力。记忆是智能学习最基础的功能。车龄比较久的司机应该都有过这样一种经历：经常去往某个目的地，根据自己多年的经验一般都有一条更加方便的近距离路线。刚开始这样的路线不会显示在智能导航上面，导航给出的路线通常都是大众知道的大路。如果司机每次都不按照导航路线走，而走自己更加熟悉的小路，智能导航仪通过智能学习，在发现该司机每次都选择这样的路线以后，就会进行智能修正，通过记忆和修改优化以往的路线方案。

智能学习是在对大数据进行大量分析的前提下，通过总结进行最优选择，找到高效率、低成本、方便快捷的路径。

作为智能学习的终端，机器人和各种智能产品的出现也将在未来颠覆人类社会。人类创造了语言，发明了造纸术，发现了电磁波，创造了无数奇迹。而这一次，人类创造了机器人，却不得不与机器人展开竞争。

20世纪末，美国IBM公司制造出了一台超级电脑——拥有32个微处理器、480个特制芯片，采用C语言的"深蓝"（Deep Blue）。为实现人机大战这样激动人心的场面，科学家们在"深蓝"里面输入了200多万局来自世界优秀棋手的棋局，然后邀请国际象棋界特级大师加里·卡斯帕罗夫与"深蓝"展开巅峰对决。1996年2月10—17日，人机大战在美国费城拉开序幕，经过几天激烈交锋，卡斯帕罗夫以4∶2战胜"深蓝"。一年以后，经过改良的"深蓝"再度出战，此时的它，运算速度是上一年的两倍，可搜寻及估计每步棋后的12步棋，并且能进行每秒113.8亿次的浮点运算。1997年5月，人机大战再度进行，"深蓝"以3.5∶2.5的成绩战胜卡斯帕罗夫，迎来机器界历史上极具纪念意义的一天。

然而，"深蓝"作战依靠的是计算，而不是智能学习，它是根据众多输入的棋局做出最优选择。

最令人激动的、注定被载入史册的、与人类展开智商比拼的一台机器，是大名鼎鼎的"阿尔法狗"（AlphaGo）。

2016 年，美国谷歌公司旗下 DeepMind 公司采用"深度学习，两个大脑"的原理，开发出人工智能机器阿尔法狗。与"深蓝"不同，阿尔法狗主要采用多层人工神经网络和蒙特卡洛树搜索法，根据落子选择器和棋局评估器，进行自我深度智能学习。与之前的机器不同的是，阿尔法狗主攻围棋。就两个不同的棋种本身而言，围棋的复杂程度远远超过国际象棋，而阿尔法狗的计算能力大约是"深蓝"的 3 万倍。

2016 年 3 月，阿尔法狗对战韩国顶级棋手李世石九段，最终以 4∶1 的战绩轻松胜出，引起世界围棋界一片惊呼，最后李世石在达沃斯论坛上无奈说出机器的冷酷令他"有种再也不想跟它比赛的感觉"。第二年，在中国乌镇围棋峰会上，阿尔法狗再次出征，以 3∶0 的辉煌成绩完败世界围棋排名第一的选手柯洁九段，并且直接让柯洁泪洒赛场。由此，围棋界公认阿尔法狗的棋艺已经超过人类围棋大师的最高水平，柯洁甚至说出"它就是围棋上帝，能够打败一切"的言论。

2017 年 10 月，DeepMind 推出阿尔法狗升级版，代号

AlphaGo Zero，采用新的人工智能技术，仅用 3 天训练，就将零基础的 AlphaGo Zero 变成了顶尖围棋高手。同年 12 月，在第四届世界互联网大会上，谷歌公司 CEO 桑达尔·皮查伊（Sundar Pichai）表示，团队正在研发阿尔法围棋工具，该套工具是学习型的，适合于任何想要学习围棋的人，而他本人也正在使用这个工具学习。

看来独孤求败的阿尔法狗，即将要教人类下围棋了。

单凭一个阿尔法狗称霸棋坛，似乎不足以证明未来智能机器人超越人类的可能。如今，各个行业都开始钻研人工智能，寻找产业革新的方法。展望未来，人类是否还能掌控越来越聪明的机器人？

比如医疗行业。2012 年，谷歌公司举行科学比赛，冠军头衔授予一名高中生，该学生利用一台拥有 760 万个乳腺癌患者的样本数据的机器，设计出一种给病人活检的算法来确定乳腺癌细胞的位置，准确率高达 95％以上，超出了职业医生的水平。

如果说以前的机器需要人亲自手动操作，那么人工智能程序下的机器人不仅能实现远程操作，还能够从事长时间的复杂活动。在医疗这个复杂且高深的领域，如果以为智能机器人只能简单地进行问诊和检查，那么似乎太过低估了它的能力。在大数据爆发中发展起来的人工智能，未来将在 5G 时代创造一个又一个不可能。

其中创造的一个不可能，就是医疗中的外科手术。

21 世纪初，经过长期研发和反复试验，美国 Intuitive Surgical 公司隆重推出 Da Vinci（即达·芬奇）手术系统，并在接下来的几年中不断改良产品，使之逐渐掌握各种复杂的外科手术，如胆囊摘除术、胃底折叠术等。这款手术系统的终端是一台人工智能机器，设置双医生控制台，采用交换控制的方法让医生共同控制机器人的器械来辅助手术。与人类不同的是，手术机器人的每一条机械手臂都比人类灵活很多，并且手术的创口非常小，准确率极高。通过自身的智能学习机制，随着手术量的增加，它还可以自动提高自身水平，比人类医生有更强的稳定性。截至目前，全球配备的达·芬奇手术机器人已超过3 000台，成功完成超过 3 000 万台手术，国内也有少数医院引进。

无论是人机对战还是人机合作，其中蕴含的巨大机遇早已为人所知。想在 5G 时代依靠人工智能进行产业革新，人工智能的研发已经刻不容缓，美国和欧洲已经抢滩布局，中国也在跃跃欲试。

阿尔法狗大战人类围棋大师之后，2017 年的夏天，智能高考机器人分别在北京和成都的高考考场亮相，一个是学霸君开发的 Aidam，另一个是准星云学科技有限公司开发的人工智能系统 AI-Maths，两个机器人以数学科目为起点，分别只用了不到 10 分钟和 22 分钟答完所有考题，成绩分别是 134 分和 105 分。两者的不同之处在于，Aidam 的工作原理同"深蓝"类似，是将试题语言进行语言解构，再从输入的知识点里进行搜索，最后提取相关题目知识点进行推理，找出最优解题路径；而 AI-Maths 则类似于阿尔法狗，主要通过综合逻辑推理，不断进行智能训练来解题。虽然目前考试机器人的研发还不够成熟，在其他科目上还是一片空白，但未来的人工智能是否能颠覆传统教育行业，让我们拭目以待。

人工智能的自主学习方法大大超越了计算机的优选方法，在 5G 时代，它将发生革命性的、质的改变。

智能互联网将整合移动互联、智能感应、大数据、智能学习的能力，形成一种全新的能力，这种能力能够渗透到社会生活的每一个角落，影响和改变世界的进程。

智能互联网的基本精神

每个行业，每个单位和个人，都有自己的精神，对互联网来说，也不例外。传统互联网和智能互联网二者的精神有所区别，智能互联网的精神从传统互联网发展而来，但又与之完全不同。

传统互联网的基本精神是自由、开放、共享

自由是互联网的基本精神之一。

首先，需要强调的是，从唯物辩证法来看，任何事物都有两面性，正反相依，福祸并存，且可以互相转换。自由也不是绝对的，犹如一枚硬币的正反面，自由和控制也是相依相存的。随着互联网的大爆发，人类的信息传输相较于过去的缓慢和闭塞，得到了空前发展，变得更加自由。

网络的发达使人类的信息互通突破了时间、空间、活动范围的限制。我们可以随意搜索自己想要知道的信息，并且这些信息没有国界的限制，在互联网上，网民可以做你想做的任何合法及合乎道德的事，无论是浏览新闻、看视频或者是写博客等。除此之外，人们在网络上的思想言论较之过去也更为多元。在许多知名的知识网站上，比如豆瓣和知乎，我们可以提问各种想要知道的信息，也可以回答任何我们想要回答的来自其他网友的问题；我们可以就某个话题、某一本书、某一部电影展开各种讨论和评价，还可以删除、修正我们所发表过的言论，畅所欲言，且突破身份的限制。这种网络自由大大促进了信息的传输和发展。

开放和自由在互联网上是并存的。

2018年1月19日，印度国宝级演员阿米尔·汗携新作《神秘巨星》与中国观众见面，引发了广泛讨论。影片中，长期遭受家暴并被禁止唱歌的小女孩通过在Youtube上上传自己唱歌的视频而在网上迅速蹿红，进而改变了自己的命运。这是互联网的开放性精神所呈现出来的一个典型事例，正是它的这种特点，使许多新兴产业得以出现，成就了互联网的多样化和共享精神。

Youtube最具代表性，它催生出"网红"这个新词。

2004年发生两起全球性负面事件，一个是美国超级杯不雅事件，一个是印度洋海啸。这两个头条新闻让美国在线支付公司前雇员查德·赫利、陈士俊和贾德·卡林姆萌生创建视频网站供朋友之间分享的想法。2005年，Youtube在情人节当天成立，随后发布一段时长只有19秒的视频"我在动物园"。之后的故事众所周知。

一位亿万富翁把Youtube称为"只有白痴才买"的公司，然而，仅一年光景，Youtube以16.5亿美元被谷歌公司收购，此后便一路开挂，捧红了美国歌手贾斯汀·比伯、韩国音乐人Psy、越南裔美妆主播Michelle Phan，获得了电子媒体领域最高成就皮博迪奖，成为总统大选的媒体阵地，完成了信息对全球开放和共享的伟大使命。

互联网的开放性让公众看到了一个信息包容的时代，而它的信息共享让世界的空间感急剧缩小，也让人们对世界有了更加深刻的认知。在这个基础上，未来智能互联网将面临更高的要求，传统互联网的基本精神已不能涵盖智能互联网，而是要构建一套完善的安全体系，以及管理严格、高效和方便的用户体验。

传统的互联网建立在一个信息传输不够畅通的时代，通过互联网的体系，打破信息传输的限制，获得高效率的信息传输，是传统互联网的信仰与基本理念。在互联网诞生之初，"互联网上没人知道你是条狗"被广为传诵，互联网肩负打破旧的信息传输体系的使命。也正是这种基本精神，让人类社会进入一个革命性的信息传输时代。

智能互联网的精神是安全、管理、高效、方便

传统互联网以固定的网络为基础，PC 是主要的终端，在信息交流不畅的时代，这种网络可打破屏障，实现高速度信息传输。

移动互联网时代主要的终端为智能手机，位置、移动支付是最重要的功能，互联网从信息传输逐渐走向生活服务。

智能互联网终端除了智能手机、PC 之外，大量的智能终端加入进来，社会生活中大量普通设备将被添加通信功能，互联网渗透到社会生活的每一个角落。它的能力不限于信息传输、

生活服务、社会管理，甚至渗透到了生产组织。因此，处于新时代的智能互联网的基本精神，不再是传统互联网的基本精神所能涵盖的。

当传统互联网为人们的工作、学习和娱乐带来前所未有的新体验时，其负面影响也随之而来。传统互联网在安全监管上争议不断，个人信息泄露、账户被盗等负面消息层出不穷。2008年，震惊全国的娱乐圈不雅照事件由于网络监管欠佳，个人信息隐私被不间断地曝光，造成香港娱乐圈呈瘫痪之势；无数民众的愤怒声讨，给众多艺人带来极大的身心伤害，而这些信息的快速传递，无疑触犯了神圣的法律，为世人敲响警钟。

2017年5月，继"熊猫烧香"席卷国内之后，网络病毒"WannaCry"横扫全球，波及上百个国家，袭击成千上万台系统，影响高校、医院、警察局等国家重要部门，英国医疗系统瘫痪，中国校内网也被感染，后果严重。

与传统互联网不同的是，在智能互联网时代，自由、开放、共享将不再是核心价值。关于智能互联网的核心价值，我将其定义为四个精神，分别是：安全、管理、高效、方便。

（1）安全：如果这个网络不安全，那么它是没有价值的。因为智能互联网大量的应用和服务与社会安全、生活安全息息相关。试想，如果一个智能交通系统是不安全的，一个智能健康管理系统是不安全的，它造成的损害可能比贡献还要大，因此，安全是智能互联网的第一个要求。必须确保安全，这个网络才有价值。

（2）管理：在传统互联网时代，我们可能会觉得管理的价值不大，不应该由政府来管理，甚至不应该管理，互联网就应该是自由开放的。事实果真是这样吗？以 Facebook 的"用户信息泄露"事件为例。英国数据分析公司 Cambridge Analytica 在 2016 年美国总统大选前违规获得了 5 000 万 Facebook 用户的信息，并根据这些信息成功地帮助特朗普赢得了美国总统大选。从这个层面而言，管理是非常重要的，需要用完备的法律行政手段进行管理。而有大量的摄像头、无人驾驶汽车、智能家居加入的智能互联网，管理是保证这个体系正常运作的基本手段。

（3）高效：5G 可以极大地提高社会效率。以交通为例。现在一些地方交通严重拥堵，是因路段在某些时段车流量太大造成的。智能交通将会形成一个高效的交通体系，通过收集数据进而进行合理的分配。最高级的智能交通是所有的车都要由中央控制中心控制，比如以什么速度走哪条道路。

（4）方便：相较于传统互联网，智能互联网会让我们的生活变得更为便捷。4G 已经把移动电子商务、共享单车、共享汽车、外卖服务、移动支付带入人们的生活，5G 基础上的智能互联网会大大提高一切社会生活的效率，让用户感受到前所未有的方便与快捷。

　　具体来说，如果新一轮的信息革命想要获得大众的充分认可，安全至为关键。从目前的发展趋势看，未来将是移动互联的天下，而确保个人信息安全是智能互联网首先要解决的问题。传统互联网的主要任务是完成信息传输的使命，智能互联网则需要更好地、更深度地参与整个社会生活体系，包括智能交通体系和健康管理。试想，如果智能交通数据遭到黑客攻击，整个城市将会上演无人驾驶的现实版"生死时速"，那无疑是一场灾难。如果某个大人物的个人健康信息数据被泄露，那么受损的也绝对不会是个人，而是整个利益集团。尽管人们对智能互联网充满期待，但对安全也提出了更高的要求，正因如此，必须更加完善网络管理制度。

　　正如传统互联网的开放和自由并存，未来智能互联网时代，安全与管理也必然相依相存。传统互联网的监管存在很多漏洞，管理制度并不完善。到了 5G 时代的移动互联，信息的传输和泛在网将迎来前所未有的大爆发，想要在这场革命中行稳致远，一套严格、全面的管理体系必须建立起来，为公众所知，传达出信息管理和安全的精神，否则，会很容易引发严重的社会问题。

　　除了智能交通，未来的智能医疗将会有大量病患的个人信息和治疗进度数据，如何进行治疗，如何长期跟踪病情，这些问题的相关信息如果不加以管理，那么这些私密性信息很可能泄露，并被不法分子用于其他用途，医疗机构的许多业务将无法开展，整个医疗体系可能面临瘫痪。

如果说安全和管理是智能互联网的基本精神，那么高效和方便就是它的核心精神。

移动互联和大数据到了 5G 时代将全面爆发，如果有完备的安全和管理体系做保证，那么智能互联网的高效运作一定会是所有用户的直观感受，整个社会各个领域前进的齿轮犹如安装上了高速马达，不停运转，实现信息的导弹式传输。与此同时，社会效率的提高也将使人们的生活更为方便。人工智能一旦全面开花，智能生活根本无须手动管理，炉火纯青的感应器和智能家居的开启和调节完全不会浪费你任何多余的时间在操作上。

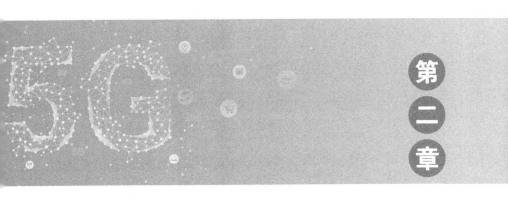

第二章

什么是真正的5G

移动通信的发展变化

将时间幅度拉长来看，人类的通信最开始是面对面的交流，最早的远距离通信是用狼烟传递敌人来了的消息，更成熟一点的通信方式是把文字写在纸上，通过驿站运输的方式将消息传递给别人。驿站通信是过去很长时间内最先进的通信系统，但是它的缺点也十分明显：不能做到实时通信。

人类最早出现的实时通信是通过电报的方式传递基本信息，后来出现了固网电话。相较于需要编解码过程、具有滞后性的电报通信，电话可以直接传递信息，但无论是采用铜线还是光缆，固网电话都会受到使用场景的限制，所以我们需要找到一种新的技术，可以随时随地实现实时通信。

1G：人类进入移动通信时代

第一代移动通信的想法是在 1939 年的万国博览会上，由美国当时最大的电信运营商 AT&T 提出的。这个想法被美国联邦通信委员会（Federal Communications Commission，FCC）

驳回了，因为就像盖房子必须要有地一样，做移动通信技术必须要有频谱，而当时合适的频谱通通掌握在科研机构、军事部门、警察机构、广播电视台等手中。

这件事情搁置了 30 年。1969 年，电视技术由无线过渡到了有线。因为有线传输更加稳定、品质更高，所以很多电视台退回了它们拥有的频谱，此时移动通信才有了可供使用的频谱。美国的通信管制部门联邦通信委员会想到，可以把这些频谱用于搁置了几十年的移动通信，这才开始推动 AT&T 开发移动产品。

这时，美国另外一家公司也开始了民用移动通信的研究，这家公司就是摩托罗拉，该公司最开始在军用通信领域有一定的技术积累。摩托罗拉移动通信的负责人马丁·库珀要求技术部门 45 天设计出一款手机，这就是世界上最早的一部概念手机。

直到 1973 年，手机才正式定型，当时一个基站只能同时支持四个人打电话，手机和基站连接后才能打电话，基站显示是红灯就是被别人占了，绿灯就可以给别人打电话。

此时需要寻找新的技术和办法，以支持更多的人同时打电话。这时出现了一个非常重要的事件，AT&T 成功建立蜂窝状移动通信网，并使用 AMPS 技术，在芝加哥开通了第一个模拟蜂窝商业试用网络。什么是蜂窝技术？就是一个基站覆盖六边形的蜂窝区域，每个基站使用相同的频谱，采用频谱复用的方式，使得频谱可以重复使用，达到很少的频谱大家可以重复使用的效果。

此时的电话才真正可以商用。世界上第一个商用移动通信网于 1979 年在日本建立，此后的两年，巴林和北欧也开始建立蜂窝式移动通信网。因为移动通信不需要拉很多线到每家每户，再使用交换机连接，所以对于新兴经济体而言，移动通信的建设成本要远远低于固话成本。

但有趣的是，此时的美国仍未开始建设移动通信。出于市场竞争的理念，美国联邦通信委员会用多年时间审查，希望找到一个全面公平的移动通信竞争环境。1981 年 3 月，AT&T 和摩托罗拉还在苦苦等待。

从时间上看，美国人研究蜂窝式移动系统最早，但最早应用的却是其他国家，对此，美国人觉得难以接受，甚至认为是"奇耻大辱"。不过，真正解决这个问题，还需要一些技巧。怎么办？他们最后也用了打通人际关系，"走后门"的做法。

现在看起来，当时的处理方式十分有趣。摩托罗拉公司的首席执行官鲍勃·加尔文和当时的美国副总统乔治·布什是老朋友，一次，他给布什打电话，说要带自己的小孙子去布什办公室。在办公室聊天时，加尔文问布什："你见过手提电话吗?"布什说："不，我没见过。"

加尔文就拿出他的手机给布什，让布什给他的太太芭芭拉打个电话，布什于是用手机和太太聊了好一会。很显然，布什被这个新产品打动了，作为消费者，他第一次感受到手机竟然如此方便，于是他建议应该让罗纳德也看看这个手机。加尔文没还反应过来，问哪个罗纳德，布什说就是当时的总统罗纳德·里根。

随后，加尔文去见了里根总统，里根看了这个手机，问："这个东西做得怎么样了？"

加尔文说："我们很久前就可以上市了，但是阁下的联邦通信委员会却不让动。"

里根转身对秘书说："给他们打个电话，让他们立即颁发上市许可证。"

两个月后，已经推迟了 8 年、不断讨论的许可证终于颁发了，美国由此得以进入移动通信时代。此时，相对于世界上最早的蜂窝式商用移动通信网，美国迟了两年。

就这样，人类开始了移动通信时代。当时我们并没有代的概念，现在来看，那个以模拟通信为基础的就是第一代移动通信，今天被称为 1G。

蜂窝移动通信毫无疑问是移动通信史上的一次重大革命，整个 20 世纪 80 年代，模拟蜂窝系统在欧洲和美洲得到广泛应用（见表 1-1）。相比较西方国家和亚洲发达国家，移动通信

的步伐在中国稍显缓慢。1987 年 11 月 18 日，我国首个 TACS
模拟蜂窝移动电话系统在广东省建成，与此同时，我国第一个
移动电话局也在广州开通，第一代模拟移动电话进入中国，那
种价格昂贵、体积庞大的手机被人们称为"大哥大"。

表 1-1　　　　　　1991 年欧洲主要存在的蜂窝系统

国家	系统	频带	建立时间	用户数/万
英国	TACS	900	1985	120
瑞典、挪威、芬兰、丹麦	NMT	450/900	1981－1986	130
法国	Radiocom2000/NMT	450/900	1985－1989	3 009
意大利	RTMS/TACS	450/900	1985－1990	6 056
德国	C-450	450	1985	60
瑞士	NMT	900	1987	180
荷兰	NMT	450/900	1985－1989	13
奥地利	NMT/TACS	450/900	1984－1990	606
西班牙	NMT/TACS	450/900	1982－1990	606

1G 时代实现了移动电话语音传输，我国移动电话公众网由
美国摩托罗拉移动通信系统（A 系统）和瑞典爱立信移动通信
系统（B 系统）构成，即 A、B 网。A、B 网之间是不通的，所
以当时的手机是不可以漫游的。如果你在北京要去石家庄出差，
因为两地都是 A 网，所以可以接通；如果你在北京要去成都出

差，因为成都是 B 网，所以不能接通。移动手机功能仅限于语音通话，身躯厚实笨重，因此也俗称"砖头手机"。

彼时，手机市场由摩托罗拉和爱立信公司一统江湖，最典型的就是 20 世纪末香港警匪片中出现的摩托罗拉 3200 以及市场上的 8000X。这一批大哥大机型问世以后，在广州立刻供不应求，而一部手机的价格高达 2 万元以上，对于当时平均月薪不到百元的普通老百姓而言，是望尘莫及的稀罕物，因此，在那个年代，"大哥大"在很大程度上是财富与地位的象征，首批移动电话使用者仅限于商务人士、政府高层官员。

1987 年，广州邮电无线分局借全运会的契机，以"试点"名义，推出首批 100 部模拟移动电话。一位 20 多岁的小伙子徐峰凭借着在邮电局供职的亲戚帮忙，成为中国首位手机用户。据当事人回忆，当时邮电局的人并不知道手机的价格，只叫他押下一张 2 万元的支票。押下支票后，徐峰拿到了一部 NEC 模拟手机，拨打电话还需要拉出天线。怀着兴奋的心情，在周围人好奇的目光里，徐峰用手机打出第一通电话到香港，令大家惊讶不已，虽然在最初半年还没有所谓的漫游，但足以令徐峰自豪万分。1G 时代的模拟移动通信，手机通话质量欠佳，常常需要对着手机大声说话，而这一举动反而引来周围人的注意，紧跟着便是人们羡慕的目光。而就是购买这样一部手机，还需打通运营商的各种关系，排长队，反复打申请报告和盖章。

2016 年，已经是广东中海集团董事长的徐峰在接受记者采访时，回想起自己第一次拿到手机的情景，脸上依然洋溢着自豪。

第一代移动通信主要用的技术是模拟通信。所谓模拟通信，就是把我们的声音变成电波，通过电波传输，再将电波还原成声音。所以第一代移动通信存在着品质差、安全性差、易受干扰、频谱利用率不高等缺点，但它建立了移动通信最基本的能力，比如说蜂窝通信、频谱复用等核心技术手段。

1G 时代解决了最基本的通信移动性问题，在以后的岁月里，移动通信产业还要经受一系列变革。模拟蜂窝技术和砖头手机在带给人们惊喜的同时，也暴露出严重的弊端：模拟技术存在容量小的问题，手机盗号现象猖狂，在实现移动通信的基础上，人们对于价格、通话质量、异地或跨国漫游的期望也随之而来……然而这些都是 1G 无法满足的。1999 年，A 网和 B 网正式关闭，数字通信应运而生。

2G：数字时代到来

与第一代移动通信相比，第二代移动通信的技术更进一步，其中的关键差异在于，它是先将声音的信息变成数字编码，通过数字编码传输，然后再用对方的调制解调器解开编码，把编码解调成声音，所以第二代移动通信具有稳定、抗干扰、安全的特点。因为采用数字编码的技术，所以也实现了一些 1G 时代下不能实现的东西，比如：来电显示、呼叫追踪、短信等。

更为重要的是，从第二代移动通信开始，全世界就出现了移动通信标准的竞争，在这一过程中，国际电信联盟（International Telecommunication Union，ITU）扮演了非常重要的角色。

通信产业表面上是各大通信运营商和手机商的集体厮杀，实则为国家之间战略软实力的激烈角逐，一旦抢占先机，便可打个漂亮的翻身仗，长期占有主动权，在产业中居于主导地位。第一代移动通信由摩托罗拉垄断，美国人独占鳌头，而第二代移动通信则出现了百家争鸣的局面，全世界几大有实力的经济体都在制定自己的标准。

说到美国的第二代移动通信技术，就不得不提 CDMA（码分多址）技术的发明人海蒂·拉玛。

海蒂·拉玛是一位通信专业的学生，长得十分美丽迷人，此后她放弃了通信专业，成为了影视明星。从 16 岁开始，她开始了表演生涯，两年后，年仅 18 岁的海蒂担任电影《神魂颠倒》（*Ecstasy*）的女主角。

海蒂·拉玛家庭条件优越，父亲是银行家，母亲是钢琴家，但她不想像传统的大家闺秀那样生活，而是选择了另一条路。20 岁时，拉玛嫁给当时赫赫有名的奥地利军火商 Fritz，这个军火商为纳粹制造军火，尤其是生产飞行控制产品。聪慧的拉玛从丈夫那里了解到了通信技术，包括军事保密通信领域的前沿思想。1937 年德奥合并，身为犹太人的海蒂·拉玛决定离开丈夫。在一次晚宴中，趁丈夫忙于应酬，她药翻了女佣，翻窗而出，径直乘火车逃往巴黎，其后辗转进入美国，被美国米高梅公司的导演发掘，正式进入好莱坞。

因为走得太匆忙，海蒂·拉玛逃离丈夫时什么都没有带，但她的脑子里却藏着"无价之宝"，她把纳粹无线通信方面的"军事机密"带到了盟国。这些机密主要是基于无线电保密通信的"指令式制导"系统，其作用是能自动控制武器，精确打击目标，为了防止无线电指令被敌军窃取，需要开发无线电通信的保密技术。

40 年代初，海蒂在好莱坞结识了音乐家乔治·安塞尔。乔治·安塞尔也痛恨纳粹，海蒂向乔治提出建立一个秘密通信系统的想法，想要研发出能够阻止敌军电波干扰或防窃听的军事通信系统。借鉴乔治所熟悉的钢琴，按照海蒂的想法，一个能够自动编译密码的设备模型被开发出来。靠着两人的智慧及其他科学家的帮助，他们完成了这项研究。1941 年 6 月 10 日，两人申请了专利，这就是跳频技术，由此，海蒂·拉玛也被称为"跳频之母"。

冷战期间，因为特殊的时空环境需要，跳频技术被广泛用于隐蔽通信产品。冷战结束后，跳频技术终于被解密，允许进入民用领域，频率同步方法也从机械转向电子化，在无线电通信上取得了较大发展。1985 年，美国一家成立于圣选戈的公司悄悄地研发出 CDMA 无线数字通信系统，它的基础就是跳频技术，而当初这家小公司就是如今闻名全球的高通公司。

那什么叫码分多址？举个例子。我们大家一起说话，有的人讲汉语，有的人讲日语，有的人讲德语，只说汉语的人真正能接收到的信息就是汉语。码分多址的技术也是这样，把数据信息打成数据包，在数据包里面用不同的码分成不同的地址，大家接收的时候就只能接收我这个编码的信息，这类似于发快递，一号是你的，二号是我的，这个标准是全世界在通信质量中最优秀的一个标准。

此时的日本也在做移动通信，因为 20 世纪 80 年代经济最强劲的国家就是美国、日本和欧洲，所以日本做了 PHS 的标准，这也正是小灵通的技术来源。

当数字通信的风刚刮起来时，欧洲各国意识到问题所在，于是采取了紧紧抱团的策略：吸取 1G 时代的教训，如果各自闭门造车建立标准，是根本无法与美国相抗衡的。历史的年轮总是有迹可循，几十年来，欧盟与美国一直在相互较量，早在 1982 年，欧洲邮电管理委员会就成立了移动专家组（法语：Groupe Spécial Mobile，即 GSM 的缩写，后来全称改为 Global System for Mobile Communications），专门研究通信标准。

　　1991 年，爱立信和诺基亚在欧洲搭建了第一个全球移动通信系统（即 GSM 网络），并在芬兰正式投入商业运营，标志着第二代移动通信技术，也就是 2G 时代正式到来。一年以后，欧洲标准化委员会出台统一标准，采用数字通信技术和统一的网络标准，并开发更多的新业务给用户。GSM 的技术核心是时多分址（TDMA，全称 Time Division Multiple Access），特点是把一个信道分给 8 个通话者，一次只能一个人讲话，每个人轮流使用 1/8 的信道时间。这种系统容易部署，支持国际漫游，并有 SIM 卡，由于采用数字编码取代原来的模拟信号，这一代移动通信技术最大的突破就是能够支持发送 160 字长度的短信。

　　于是，20 世纪 80—90 年代期间，全世界就有了三大标准，它们各自发展。欧洲各国紧密团结，抢占先机。美国的 CDMA 起步晚于 GSM，刚一问世，便已失去半壁江山。与此同时，高通公司并没有手机制造的经验，欧洲的运营商们并不关心它的知识产权，媒体也不站 CDMA 的队，只有极少数美国运营商使用这个系统，因此基站的建立也达不到预期效果。2G 时代，美国的 CDMA 标准失去了 1G 时代的优势地位。

　　CDMA 失去优势地位，也间接对摩托罗拉带来负面影响。2G 时代，数字移动电话逐渐取代模拟移动电话，摩托罗拉的模拟移动电话虽然在市场上仍占有 40% 的份额，但在数字移动电话市场的占比却微乎其微。虽然摩托罗拉之后也曾推出像 Star-

TAC 那样的经典产品，但依然无法挽回其没落的命运。估计它做梦也没想到，自己垄断 1G 时代的巨头地位最终会被一家来自芬兰、以伐木造纸起家、1992 年才推出第一款数字手机的公司彻底击溃，这家公司就是诺基亚。

2002 年，著名导演斯皮尔伯格的大作《少数派报告》上映，诺基亚 7650 借助该电影名噪一时。这款手机造型新颖，科技感十足，并且带有摄像头、滑盖和五维摇杆，也是诺基亚第一款彩屏手机。这一大胆尝试让诺基亚 7650 名声大噪，以超过40％的市场份额拿下惊人销量。虽然索尼爱立信也在 2G 时代创下不俗业绩，并在 2003 年推出经典的 T618，但整个手机市场依然是诺基亚独领风骚。

技术的革新也让手机的成本大幅度降低，虽然价格依然较高，但已不再是奢侈品，手机逐渐走进千家万户。

在中国引入移动通信标准的问题上，当时的邮电部部长吴基传首先否定了 PHS，因为该技术如果大规模使用的话，成本比较高，传输的效果也不好，适应能力也不够。

1994 年作为电信改革的第一步，中国联通成立。联通在成立几个月后宣布在中国 30 个省会级城市部署 GSM。消息宣布后，邮电部领导在河北廊坊召开了紧急会议，会后邮电部移动局宣布在中国 50 个城市部署 GSM，中国的移动通信正式进入2G 时代，逐渐建立起世界上最大的两个 GSM 网络。

后来，在中国加入 WTO 的谈判中，作为与美国进行利益攻防的砝码，中国联通又建立了一个 CDMA 网络。

2G 时代，通信技术从模拟向数字发展，不仅对传输的语音进行了数字编码，保证了语音的高品质、抗干扰能力，同时也增加了数字通信的能力（比如短信），还可以提供来电显示等数字通信服务，网速达到 9.6Kbps，采用 GPRS 技术可以达到更高。随着用户量的高速增长，2G 的容量与速度遭遇瓶颈，加上多媒体的兴盛，2G 技术已无法满足移动多媒体发展的需要。

回顾整个 2G 时代的发展历史，可以看出如下几个问题：

只有经济实力和技术较强的经济体才能制定通信标准；在通信标准推广的过程中，国家在其中扮演了至关重要的角色，比如美国在中国谋求加入 WTO 时，以必须采用 CDMA 作为重要条件，而欧洲通过国际组织来统一标准，帮助欧洲企业发展。

建立通信技术标准对一个国家的经济技术发展来说，重要性不言而喻。在互联网时代，电脑所有的标准——操作系统、CPU 等甚至包括电脑的生产都是以美国为主的；在移动通信时代，欧洲开始奋起直追，爱立信、诺基亚、飞利浦、西门子、阿尔卡特、萨基姆都发展成为很大的企业。所以，就这个角度而言，全世界有实力的国家，都必须在通信技术标准上有所作为。

3G：数据时代到来

从 1G 到 2G，通信技术经历了重大变革，整个行业在短短数十年间已然来了个大洗牌。中国有句老话：风水轮流转，时间讲述的不仅是故事，内里还藏着无数的彩蛋。当欧洲率领着 GSM 和诺基亚称霸 2G 时代之时，本已暗淡无光的美国高通公司与韩国人携手合作，悄然崛起。

1985 年，麻省理工电机工程博士欧文·雅各布（Irwin Jacobs）和维特比算法鼻祖安德鲁·维特比（Andrew Viterbi）卖掉位于加州圣迭戈的电子通信公司，成立高通公司，将冷战时期军方通信采用的 CDMA 技术实现商业化，并大大改善了该技术的功率问题。只可惜，在 2G 时代由于被欧洲领先一步，GSM 的 TDMA 技术已得到美国通信工业协会的认定，虽然 CDMA 有大容量和高品质的通话效果，但技术很复杂，所以并未获得运营商的信赖。

1990 年 11 月，高通公司与韩国电子通信研究院（ETRI）签署了关于 CDMA 的技术转让协定。CDMA 被韩国定为 2G 移动通信的唯一标准，高通每年在韩国收取的专利费中上交 20％ 给 ETRI。在这之前，韩国的通信产业总体十分薄弱，协定签署之后，韩国三星、LG 等大品牌得到大力支持，专注于 CDMA 的商业化使用。

经过 5 年发展，韩国移动通信用户突破百万，SK 电信成为全球最大的 CDMA 运营商，三星电子成为全球第一个 CDMA 手机出口商，而高通公司则凭借与韩国通信业的合作，一举成为世界跨国大公司，并在 3G 时代完美翻身。

欧洲各大厂商联合日本等采用 GSM 标准的国家成立 3GPP (3rd Generation Partnership Project)，开发制定第三代通信标准，即 WCDMA。高通见状，赶紧又和韩国人联合组成 3GPP2 (3rd Generation Partnership Project 2)，制定出 CDMA2000。

与此同时，中国也踏出了尝试的第一步。1998 年 1 月，关于候选技术提交和中国确定 3G 候选技术策略的会议在香山召开。在会议上，来自高校的教授和研究院所的研究人员介绍了各自在 3G 技术研究方面的一些观点，参加会议的有二三十人，整个过程争论不断，90％的人都持怀疑态度。

事实上，专家们的怀疑态度是有特殊背景和道理的。此前，国际标准一直是外国人的天下，谈到移动通信标准，不但成本非常高，难度也大，中国能否玩得起这个游戏是个未知数。说得直白一点，好比一种冲撞激烈的比赛，从来没玩过的人，对于要不要入场试一试，心里很忐忑。

面对争议，时任邮电部科技委主任宋直元拍板："中国发展移动通信事业不能永远靠国外的技术，总得有个第一次。第一次可能不会成功，但会留下宝贵的经验。我支持把 TD-SCDMA

提到国际上去。如果真失败了，我们也看作是一次胜利，一次中国人敢于创新的尝试，也为国家做出了贡献。"至此，香山会议为 TD-SCDMA 一锤定音。

TD-SCDMA 技术，是由邮电部电信科学技术研究院——后来的大唐电信——提出的。说起 TD-SCDMA 技术，有一个人不得不提，他就是中国"3G 之父"李世鹤。

李世鹤在国外工作的时候，研发了 SCDMA 技术——全世界使用智能天线技术较早的技术——取得了一定成果。回国后，他便去了信威通信技术股份有限公司，专注于 SCDMA 技术的研发工作，并将之应用到了农村的移动通信中。在这个过程中，有人提出："我们中国也可以搞一个移动通信标准"，当时恰逢 ITU 在征集第三代移动通信标准，又有人提议："我们是不是也可以参加？"

李世鹤觉得这想法不错，于是积极地与多人探讨、交流，希望能从中得到一些灵感。在交流的过程中，他遇到了一位"贵人"——德国西门子移动通信标准的负责人李万林。经过一番交谈，李万林觉得李世鹤是个有想法也很有能力的人，于是邀请李世鹤到德国去做交流。

因为第三代移动通信标准是面向全世界征集的，各国都在热火朝天地进行研发，大家都有自己的想法和技术，西门子也不例外，当时西门子提出的想法是用 TD 来做移动通信标准。

电话里有红绿两根线，一根线负责将信息传送过来，一根则负责将信息传送出去。通信讲求双向工作，那么，如何做到双向工作呢？移动通信提出了两个理念。

一是频分双工，即上行链路和下行链路的传输分别在不同的频率上进行，通俗一点说就是划分两个不同的频率进行双向工作。例如：32.4Hz～32.6Hz 这段频率是专门给你传送信号的，32.8Hz～33.0Hz 这段频率是专门给我传送信号的，用这两段不同的频率分成两条线道，一条负责信息传出，一条则负责信息传入。二是时分双工（英文名称 TDD），即用同一段频率，以时间为划分点进行信号的传入和传出。例如：在 32.4Hz～32.6Hz 这段频率里，一会儿是传给我的信息，一会儿是传给你的信息，这样交替进行。频分双工的优点是：有两条线，各自负责各自的部分，就像一条高速路被分成了两条路、两个方向，效率非常高，但缺点是"占地多"，使用率较差，频率需要成对的，而每对频率间还需要有段间隔以防每对频率间的相互干扰，所以就会占用很多的频率资源。而时分双工则是修一条"路"，所以"占地"比较少，也因此效率不及频分双工，但如果速度是非常快的，比如以超高速来回传送，那么即使是在一条"路"上跑，也不会有太大的影响。简而言之，这两种技术有各自的优劣之处。

李世鹤前往德国西门子赴约。因为他研发的 SCDMA 技术在智能天线上也很有创见，所以李世鹤就向西门子提议将他的 SCDMA 技术与西门子的 TD 相结合做出一个新的标准。然而，当时整个欧洲已经决定采用 WCDMA 技术了，考虑到服从整个欧洲的利益，西门子不同意自己再单独做一个标准出来。

但是西门子表示，如果中国人想自主研发一个标准，完全可以自己做，西门子则提供 TD 的一部分技术，比如开发工具、开发思路等作为参考。就这样，获得西门子技术支持的李世鹤带着自己的学生一起参加研发讨论工作。TD-SCDMA 技术也就在李世鹤团队一次次的研发中逐渐成型。

1998 年 6 月 30 日，是国际电信联盟征集标准的最后一天，过了这一天所有递交的标准都是无效的。也就是在这一天，中国把自己研发的标准提交了上去。选在这一天提交的原因有两点：一是 TD-SCDMA 标准需要时间反复地修改、完善；二是不希望太早提交，让别人知道中国也做了个标准。当时对一些自主研发的技术希望做到对外完全保密。

国际电信联盟总部在瑞士日内瓦，当听说中国也提交了标准，国际电信联盟标准化局的中国籍局长赵厚麟（现任国际电信联盟秘书长）十分高兴，立马前去一看究竟。这一看看出问题来了，标准的署名居然是北京信威通信技术股份有限公司。赵厚麟立即联系相关人员，告诉他们必须要以中华人民共和国邮电部的名义提交。因为信威公司是没有权利向国际电信联盟提交标准的，如果就这样提交，这个标准就相当于作废了。可是，时间已是最后的期限了，之后再提交就失效了。幸运的是，中国和瑞士正好有 7 个小时的时差，所以得到时任中国邮电部部长签字的 TD-SCDMA 标准才得以在规定时间内重新提交。

当时全世界提交的第三代移动通信标准主要是：美国的 CDMAEVDO、欧洲的 WCDMA、中国的 TD-SCDMA。

讨论第三代移动通信标准的会议从 1998 年开始到 2000 年结束，持续了将近两年的时间。当时的想法是让全世界的移动通信统一到一个标准上来，但在这个过程中欧、美两大派互不相让，而欧洲更是以国家多、得票率高而占据了优势，美国的支持率低，自然话语权就不够，所以到最后几乎就成了欧洲的"天下"。美国认为到最后极有可能就是由欧洲的 WCDMA 标准当选，它当然不能接受这样的结果，所以美国代表团就主动找到中国代表团说："与其让欧洲标准独大，不如中美联合起来相互支持，扭转局面。"就这样，由于中美的相互支持，第三代移动通信标准也就从"险些一家独大"变成了"三足鼎立"。

2000 年 5 月，国际电信联盟正式发布第三代移动通信标准，中国的 TD-SCDMA、欧洲的 WCDMA 和美国的 CDMA2000 一起成为 3G 时代三大主流技术。随着 3G 时代到来，人类也迎来了智能手机的时代。

1996 年，微软发布第一款智能手机操作系统 Windows CE，但由于没有移动端的实战经验，其系统速度十分缓慢；1998年，英国 Pison 公司与诺基亚、爱立信和摩托罗拉合资成立 Symbian 公司，专门研发对抗微软的手机操作系统。但就在技术更迭的关键时期，欧洲人那根深蒂固的古板和传统拖了后腿，在 2004 年之前的整个五年间，诺基亚仍然以传统手机功能为主打，十分保守，听不进任何关于开发多功能的建议，更别说触控式屏幕和 App 生态系统的开发。

就在 Symbian 和微软厮杀，诺基亚继续垄断手机市场的大环境下，苹果公司却在借鉴这两款手机的技术，并收购了一家研发触控技术的公司 FingerWorks。2007 年 1 月，乔布斯发布第一代 iPhone。

iPhone 1 凭借各种主打应用，简洁的界面，屏幕触控技术，以及应用商店的统一平台，一战成名，也一举击溃耗费 7 年研发的 Symbian，成为智能手机发展史上的重大转折，智能手机市场在 2008 年以后全面爆发。

2008 年 5 月，中国铁通并入中国移动。同年 6 月，中国联通开始与中国网通合并，中国电信以总价 1 100 亿元收购联通 CDMA 网络。2009 年 1 月 7 日，中国终于颁发了 3 张 3G 牌照，即：中国移动的 TD-SCDMA、中国联通的 WCDMA 和中国电信的 CDMA2000。其中，中国移动的技术标准是自主研发的，在很多方面存在明显劣势，同 2G 时代的辉煌相反，中国移动在整个 3G 时代被联通和电信强势压制。

　　3G 时代，数字通信向数据通信发展，数据通信不再是语音通信的附属。通信速度大大加快，最低速度 384Kbps，通过多种技术，可以达到 7.2Mbps，比 2G 提高 30 多倍。移动互联网开始发展，加上带宽飙升，资费也越来越低。2G 时代，1GB 的流量费高达万元，到了 3G 时代，1GB 流量价格降至 500 元左右。3G 手机除了高品质的通话以外，还能进行多媒体通信，也能实现与电脑互通传输。3G 网络在中国全面开花，抢占先机的苹果与三星手机在手机市场呈压倒式优势，不过由此而来的用户量的暴增为之后中国推出国产智能手机品牌奠定了坚实的基础，中国将迎来更加高速的 4G 时代。

4G：数据全面爆发

　　时间为每一件事物画出跌宕起伏的演变史，通信产业的变迁也以人们出乎意料的方式继续进行。

　　20 世纪 60 年代，贝尔实验室发明了正交频分复用技术（OFDM），80 年代，该技术已完成框架搭建。早期的 OFDM 主要用于军用的无线高频通信系统，但由于结构十分复杂，需要大量繁杂的数字信号处理，因没有成熟的硬件条件而被搁置，到了 3G 时代又是高通的 CDMA 独占鳌头，因此 OFDM 几乎无人问津。

然而，随着数字信号处理硬件和集成数字电路的飞速发展，对于无线通信的高速度要求也日益增长，OFDM 终于重见天日，在软硬件都成熟的环境下迎来了属于自己的时代。1999 年以后，美国电气和电子工程师协会（IEEE）推出无线局域网（WLAN）802.11aWi-Fi 标准，以 OFDM 为物理层标准，传输速度高达 54Mbps，之后陆续推出 802.11n、802.11b、802.16e 和 802.11g 等 Wi-Fi 标准，以 OFDM 为调制方式，加上 MIMO（多路输入输出）技术，大大提升了传输速度、距离和频谱效率，获得巨大成功。

4G 时代初见端倪，巨大的市场犹如一块大蛋糕，引得无数商家虎视眈眈，还招来了 IT 产业。OFDM 能再度回到电信产业的视野，有一家 IT 公司功不可没，这家公司就是英特尔。

2005 年，英特尔领头，与诺基亚、摩托罗拉一起宣布发展 802.16 标准，将其称为 WiMax。该标准将废置多年的 OFDM 与 FDMA 技术结合为 OFDMA，作为 802.16 的技术核心，引起移动通信巨头的极大关注，也因此让 OFDM 迅速蹿红。相比较 CDMA，OFDM 更为简化，还能有效消除多径干扰。2009 年，3GPP 提出长期演进技术（Long Term Evolution，LTE），又在 2011 年提出其升级版（LTE-Advanced），计划采用 OFDM，换掉 WCDMA。各大运营商也纷纷采用 LTE-Advanced，宣告第四代通信标准的来临。鉴于竞争态势愈发激烈，高通于是把 OFDM 和 MIMO 进行整合，推出 UMB（Ultra Mobile Broadband）标准，试图力挽狂澜，延续 3G 时代 CDMA 的辉煌。与此同时，英特尔强势推出的 WiMax 也是雷声大，雨点小。英特尔本是一家 IT 公司，却跑来抢电信业的肉，同时 WiMax 从 Wi-Fi 演变而来，从属关系不明，在已经被 WCDMA 基站全面覆盖、LTE 可将其兼容的情况下，想实现市场化，还得从头搭建基站。再者，WiMax 无法实现软切换，在大量用户共用的情况下，拥塞严重，用户体验不好。虽然 WiMax 也有运营商支持，但是商用效果不好，到 2010 年宣告失败。桌布没有，刀叉不齐，还想抢肉，几乎无望，英特尔遂弃械投诚。

到了第四代移动通信，中国基于 TD 提出了 TD-LTE（又称 LTE-TDD），欧洲则在原有的 WCDMA 基础上提出了 FDD-LTE。二者都出现了同一关键词，即 LTE，它与 WiMax 以及 3GPP2 的超移动宽带（UMB）技术常一起被称为 4G。相比 WiMax 的固定无线网络技术，LTE 采用了正交频分复用（OFDM）的信号传输，也采用了 Viterbi 和 Turbo 加速器。但 WiMax 是来自 IP 的技术，而 LTE 是从 GSM/UMTS 的移动无线通信技术衍生而来，3GPP 计划在 LTE 的下行链路使用 OFDMA，上行链路采用 SC-FDMA（单载波 FDMA，也称为"DFT 扩展 OFDM"），可以减少手机耗电。LTE 系统能随着可用频谱的不同，采用不同宽度的频带，因此 LTE 的移动能力比

WiMax 先进。而 FDD 和 TDD 是两种模式，前者用于成对频谱，后者用于非成对频谱。

4G 集 3G 和 WLAN 于一体，标志着数据时代的全面爆发：速度之快前所未有，使音频、视频和图像可以快速传输，并且能以 100Mbps 以上的速度下载，满足几乎所有用户对无线网络服务的需求，部署范围也大幅度扩张，比起过去的移动通信有着压倒性的优势。

2013 年 8 月，国务院召开常务会议，李克强总理专门提出要加快 4G 牌照的发放，用 TD-LTE 进行部署。4G 网络以点成线、以线成片，在中国稳步扩展。由于 TD-LTE 技术灵活支持 1.4、3、5、10、15、20MHz 带宽，下行使用 OFDMA，最高速度达到 100Mbps，可满足高速数据传输的要求，给用户带来的使用体验远超预期，用户数量急剧上升。截至 2018 年 6 月末，中国 4G 用户数超过 11.1 亿。随着 4G 网络的蓬勃发展，基础电信企业加快了移动网络建设，目前中国三大电信运营商的网络基站总和超过 640 万个，4G 的基站超过 350 万个，远超世界其他国家 4G 基站数的总和。就在这个急速扩大的网络上，中国的手机产业也迎来了大翻身。

4G 到来后，随着上网速度的提升，网络覆盖能力的加强，人类开始真正进入移动互联网时代。大量基于视频的业务开始爆发，视频播放业务从传统的电视开始转向网络，点播业务成为众多互联网视频的主要业务，收费也成为主流，用户习惯了会员服务的模式。

直播的出现，很大程度上影响了人们的娱乐和交流模式。在直播过程中，大量的打赏成为平台和主播们的主要收入来源。传统互联网免费模式渐渐式微，服务收费，或是通过应用内收费、打赏的模式被广为接受。

在这个移动互联网体系中，终端从 PC 机逐渐转为智能手机。苹果用 iOS 系统、平铺桌面的交互模式以及触屏改写了用户的体验与感受，在苹果的带动下，Android 系统也把平铺桌面的交互和触屏引入到智能手机中去，渐渐形成 iOS 和 Android 两大生态体系。通过应用商店整合了成千上万的应用，社会生活中大部分的服务，都可以通过 App 来完成。

最早的移动互联网服务在 3G 时代就开始出现，主要兴起于美国，很多基于智能手机的业务如推特、脸书等完全颠覆了传统互联网。很快，这些业务被中国的互联网开发者模仿和学习，进而开发出微博、微信等产品。

4G 到来之后，其大带宽、强覆盖的特征显露无遗，中国极好的网络覆盖能力和越来越低的上网费用，推动了中国移动互联网的发展。通过 3G 的积累与学习，4G 时代的中国移动互联网全面超越了美国，成为这一领域全世界表现最活跃、最完善的国家。

中国移动互联网最大的特点是通过社交整合一切服务，其中最有代表性的是微信。如今，微信已经成为一个强大的服务平台，该平台整合了手机游戏、移动支付、交通服务等各种各样的服务，通过社交的能力，这些业务得到迅速推广，相关运营商获取了很好的经济回报。

中国移动互联网的另一大特点，是电子支付能力渗透到社会生活的每一个角落，支付宝和微信支付这两大平台把支付变得极为简单。正是因为在每一个角落我们都默认会有高品质的4G 网络存在，所以人们出门才可以不带现金。今天，从普通生活到公共服务，所有需要进行支付的地方，都可以由电子支付来完成。

因为智能手机提供了定位能力，移动电子支付提供了强大的支付能力，所以中国的共享服务发展迅速，共享单车、共享汽车服务增长迅猛，而外卖这样的服务渗透到日常生活中。每天上亿单的服务让社会生活变得极为方便。4G 让数据业务全面爆发，中国真正进入了移动互联网时代。这个时代，不仅提供高速度的信息传输，还能通过定位、移动终端、移动电子支付，把生活中的很多服务都变得移动化、智能化。在此过程中，人们享受到了社会生活的便利和高效。今天从飞机值机到火车票订票，再到坐公交车、坐地铁，在中国，人们都可以通过一部智能手机来完成这些操作。那种为了一张车票整夜排队的现象，已逐步消失。

移动电子商务、移动支付、共享服务之所以发展迅速，最为底层的基础是高速度、全覆盖的 4G 网络，以及相对便宜的通信资费，这才是移动互联网业务爆发的基石。

5G：人类将迎来智能互联网

如果说 4G 改变了人们的生活的话，那么 5G 的到来将改变我们的社会，也就是说，这种新的改变无论广度还是深度，都要深刻得多。

4G 改变生活的案例现在已经随处可见，比如说移动支付、共享单车、移动电子商务，这些事情在 4G 之前是很难实现的。如果那个时候有人说所有人出门只要带手机就可以完成支付等很多事，大家都会以为是天方夜谭，但在 4G 时代已经变得稀松平常。

同时，4G 也让社会跨越了数字鸿沟。以移动电子商务为例。4G 时代之前，让偏远地区的老太太用电脑上网，用网络把红薯等农作物卖到城市去，是很难实现的，因为电脑的学习使用门槛非常高。但在 4G 时代，智能手机帮人们跨越了数字鸿沟，电子商务对于偏远地区的人来说也可以实现了。

现在来看，移动支付没有什么特别，甚至觉得理应如此。但事实上，如果没有 4G，这些功能根本无法实现。

4G 时代，中国在很多方面领先全世界，对经济的发展、人民生活的改变、社会效率的提高、社会成本的下降都起了非常重要的作用。

5G 时代，人类将进入一个把移动互联、智能感应、大数据、智能学习整合起来的智能互联网时代。在 5G 时代，移动互联的能力突破了传统带宽的限制，同时时延和大量终端的接入能力得到根本解决，从根本上突破了信息传输的能力，能够把智能感应、大数据和智能学习的能力充分发挥出来，并整合这些能力形成强大的服务体系。

这个服务体系不仅能改变社会，也将渗透到社会管理领域，改变生活的方方面面。

5G 改变社会最重要的一个能力，是以低成本去构建高效率的社会运作体系。例如，空气质量是如今人们非常关心的热点话题，依靠传统技术建立起来的监测体系成本高、效率低，无法做到真正意义上的全面监测。在北京也仅有 35 个空气质量监测点，难以对污染源进行有效监测。通过 5G 的低功耗网络，打造大量的监测设备，把路灯、电线杆都变成监测点，这不仅可以精确了解空气质量状况，而且控制企业排污、了解污染的成因会有更加科学的依据。

可能有人会问，很多能力是不是通过 4G 甚至 2G 网络照样可以实现？答案是肯定的，但依靠传统网络不仅成本高，而且也无法支持大量的设备接入。5G 的万物互联能力才能真正支持这种大规模接入。

5G 作为一张公共的网络，会被切分成多个切片，在智能交通、智能家居、智能健康管理、工业互联网、智慧农业、智慧物流、社会服务多个领域广泛开展服务，不仅能提升社会生活水平，让人们生活更加方便，更能提升社会管理能力，让社会管理更加高效，社会公共服务得到全面改善。

5G 的价值，不仅是更快的速度，还有低功耗、低时延、万物互联等，这些能力让网络的功能大大延伸。随着 5G 时代的到来，这个世界将不再是过去的那个世界了。

5G 的三大场景

谈到 5G，自然离不开场景，就是在什么地方使用。对此，国际标准化组织 3GPP 定义了三大场景：eMBB（Enhanced Mobile Broadband）——3D/超高清视频等大流量增强移动宽带业务；mMTC（Massive Machine Type Communication）——大规模物联网业务；uRLLC（Ultra-Reliable Low-Latency Communications）——无人驾驶、工业自动化等需要低时延、高可靠连接的业务。

eMBB：增强移动宽带是指在现有移动宽带业务场景的基础上，用户体验速度大幅提升。今天我们使用 4G 网络，一般的用户实际体验速度上传 6Mbps，下载 50Mbps，这个速度远不能满足用户的需求，体验也不够好，尤其是对一些大流量要求较高的业务，如视频直播等来讲。4G 视频直播上传只有 6Mbps 左右的速度，无法提供高清视频，在一些人员集中的场所，即便是这个速度也无法保证。增强移动宽带的价值，就是把原来的移动宽带速度大大提升，达到理论 1Gbps 左右，用户的体验会发生巨变。

增强移动宽带对于大量需要带宽的业务重要性不言而喻，比如直播、高清视频、高清视频转播、VR 体验等。美、德等国，因为光缆的部署较差，依然存在一定程度的上网限制问题，使用增强移动宽带可在一定程度上弥补光缆的不足，提升用户宽带上网的体验。eMBB 可以在独立组网情况下部署，也可以在非独立组网情况下部署：主体网络是 4G，但是在重点地区部署增强移动宽带。

mMTC：大规模物联网，实现海量机器类通信。5G 的最主要价值之一，就是突破了人与人之间的通信，使得人与机器、机器与机器的通信成为可能。大量的物联网应用需要进行通信，物联网应用的通信有两个基本要求：低功耗和海量接入。

大量的物联网应用比如电线杆、车位、井盖、家庭门锁、空气净化器、暖气、冰箱、洗衣机等都要接入网络中，相当多的物联网无法使用固定电源供电，只能使用电池，如果通信部分需要较大的功耗，就意味着部署起来非常困难，这将大大限制物联网的发展。mMTC 提供的能力就是要让功耗降至极低的水平，让大量的物联网设备可以一个月甚至更长时间不需要充电，从而方便地进行部署。

大量的物联网应用的加入，也带来另一个问题，就是应用终端会极大增加。预计 2025 年，中国的移动终端产品会达到 100 亿，其中有 80 亿以上物联网终端，这就需要网络有能力支持大量的设备接入，目前的 4G 网络显然没有能力支持这样庞大的接入数，mMTC 将提供低功耗、海量接入的能力，支持大量的物联网设备的接入。

uRLLC：超高可靠超低时延通信。传统的通信中，对于可靠性的要求是相对较低的，但是无人驾驶、工业机器人、柔性智能生产线，却对通信提出了更高的要求，这样的通信必须是高可靠和低时延的。

所谓高可靠就是网络必须保持稳定性，保证在运行的过程中，不会拥堵，不会被干扰，不会经常受到各种外界的影响。而以前的 4G 网络时延最好只能做到 20 毫秒，但是 uRLLC 却要求时延做到 1～10 毫秒，这样的时延才能提供高稳定、高安全性的通信能力，从而让无人驾驶、工业机器人在接受命令时第一时间做出反应，迅速、及时地执行命令。这就需要采用边缘计算、网络切片等多种技术来提供技术支持，保证更多高可靠的通信场景。

上述三大场景基本上代表了世界移动通信业对于 5G 的基本愿景。

5G 的六大基本特点

5G 的三大场景不仅要解决人们一直关注的速度问题，让用户在使用通信时获得更快的速度，而且对功耗、时延等提出了更高的要求，一些方面完全超出了人们对传统通信的理解，要把更多的能力整合到 5G 中。在这三大场景下，5G 还拥有完全不同于传统移动通信的特点，有些特点并不包括在三大场景中，但必须要逐渐完善，成为 5G 体系的特点。5G 具有六大基本特点。

高速度

每一代移动通信技术的更迭，用户最直接的感受就是速度的提升。

3G 时代刚到，人们大为惊喜，但几年以后，日益增长的需求已不是 3G 可以满足的，于是人们开始期待 4G。4G 时代到来，网速取得重大突破，人们惊叹不已，移动手机上传输文件、观看视频完全不会再卡壳，下载一部高清电影只需几分钟。而 5G 的下载速度高达 1Gbps，最快可达 10Gbps，速度单位已不再以 Mb 计算，下载一部超清电影只需几秒，甚至 1 秒不到，快得像火箭！这种令人叹为观止的高速度，5G 时代将全面应用到所有智能技术移动终端产品上。

网速的大幅提升能保证我们的网络体验品质。最开始的网上内容叫新闻组，没有图像，只有文字内容。那时候有个朋友过年给我发了一个经过高度压缩的问候视频，只有 2M，但是我花了好几个小时来下载。在 3G 时代，我们使用微博等功能的时候，有图片的话都被默认为缩略图，想看的时候需要点击一下才能打开，在 4G 时代，这些图片就都是默认打开的，这也是网络速度得到大幅提升的结果。

5G 时代，值得我们注意的不仅仅是手机，高速度的 5G 网络将承载增强移动宽带（eMBB）的应用场景，最贴近日常生活的就是在家里用智能电视收看超高清视频。与此同时，多样终端产品也在积极研发当中，以迎接 5G 时代带来的超高速度所成就的大流量应用。

4G 用户一般体验的速度可以做到上传 6Mbps，下载 50Mbps，通过载波聚合技术可以达到 150Mbps 左右。5G 理论上可以做到每一个基站的速度为 20Gbps，每一个用户的实际速度可能接近 1Gbps，如此高的速度不仅是用户下载一部超清电影 1 秒钟完成那么简单，它还会给大量的业务和应用带来革命性的改变。

在传统互联网和 3G 时代，受到网络速度影响，流量是非常珍贵的资源，所有的社交软件都是访问机制，就是用户必须上网，才能收到数据。而 4G 时代，网络速度提高，带宽不再是极为珍贵的资源了，社交应用就变成了推送机制，所有的信息都可以推送到你的手机上，你随时可以看到，这意味着你的手机是永远在线的，这样的改变让用户体验发生了天翻地覆的变化，用户量也出现了井喷式增长。

5G 速度大大提升，也必然会对相关业务产生巨大影响，不仅会让传统的视频业务有更好的体验，同时也会催生出大量新的市场机会与运营机制。

举一个非常典型的例子。直播业务在 4G 时代已经有了惊人的增长，带来巨大的商业机会，但 4G 的上传速度只有 6Mbps，而当较多人同时使用时，这个速度还无法保证，卡顿很常见，直播效果受到影响，尤其是一些需要支持高清直播的内容，体验感较差。5G 的上传速度达到 100Mbps 左右，网络切片技术还可以保证某些用户不受拥堵的影响，直播的效果会更好。在此背景下，每一个用户都有可能成为一个直播电视台，当下火爆的新媒体和传统的电视直播节目势必面临全新的竞争。

高速度也会带来新的商业机会。虚拟现实（Visual Reality，VR）就可能借 5G 实现突破。今天 VR 的体验很差，很重要的一个原因就是速度无法支持。VR 要想很好地实现高清传输，需要 150Mbps 以上的带宽，这在大部分网络中都无法实现。5G 的到来，会大大改善 VR 的体验，VR 产业的大发展完全可期。

高速度还会支持远程医疗、远程教育等从概念转向实际应用。远程医疗可行的基础就是低成本，同时又需要高清晰的图像传输，需要低时延的操作，这些都要以高速度的网络作为基础。

高速度是 5G 不同于 4G 最显著的一个特点。人类对于速度的追求是永无止境的，所以也永远没有所谓的够用，3G 不够用，4G 不够用，5G 也会不够用。人类会一直追求用各种新技术来支持更大的带宽、更高的速度，并在此基础上支持更多的服务，让传统的业务和服务有更好的体验。

泛在网

各种业务的大发展对 5G 网络提出了更高的要求，网络需要无所不包，广泛存在。只有无处不在的网络，才能支撑日趋丰富的业务和复杂的场景。例如，目前，我们在地下停车场，如果没有网络，虽然有一定的麻烦，但还可以忍受。如果无人驾驶广泛采用，地下停车场仍无网络，这些无人驾驶汽车就无法自动进入车库停车充电，因此这个网络必须广泛存在。

泛在网有两个层面：一个是广泛覆盖，一个是纵深覆盖。广泛覆盖是指人类足迹延伸到的地方，都需要被覆盖到，比如高山、峡谷，此前人们很少去，不一定需要网络覆盖，但是到了 5G 时代，这些地方就必须要有网络存在，因为无论是智能交通还是其他业务，都需要通过稳定可靠的网络进行管理，在没有网络的地方是无法管理的。同时，通过覆盖 5G 网络，可以大量部署传感器，进行自然环境、空气质量、山川河流的地貌变化甚至地震的监测，5G 可以为更多这类应用提供网络。

纵深覆盖是指人们的生活中已经有网络部署，但需要进入更高品质的深度覆盖。今天，大部分人家中已经有了 4G 网络，但卫生间等狭小空间的网络质量经常不是太好，地下车库大多没信号，想要在这种环境中处理事情，会面临无网络的尴尬。5G 时代，以前网络品质不好的卫生间、没信号的地下车库等特殊场所，都能而且需要被高质量的网络覆盖。因为未来家里的抽水马桶可能是需要联网的，马桶可能可以自动帮你做尿常规检查并传到云端，通过大数据对比，确定你的健康情况，通过各方面的提升来改善你的身体状况，这可能会成为智能健康管理体系的一个重要组成，进而对人的身体改善起到非常重要的作用。

从某种程度上来说，泛在网比高速度还重要。试想一下，如果只是建一个覆盖少数地方、速度很高的网络，并不能保证大面积 5G 服务与体验，相当于一种优质产品只有极少的人能够体验，这肯定是不行的。在 3GPP 的三大场景中没有提泛在网，但泛在的要求是隐含在所有场景中的。

在 4G 时代以前，我们常常会遇到手机没信号或者信号弱的问题，尤其是在较偏远的地方。因为在 3G 和 4G 时代，我们使用的是宏基站。宏基站的功率很大，但体积也比较大，所以不能密集部署，导致离它近的地方信号很强，离它距离越远，信号越弱。但到了 5G 时代，微基站将会逐步建立，几乎不用再担心信号不足的问题。

微基站，即小型基站。微基站的部署可弥补宏基站的空白，覆盖宏基站无法触及的末梢通信，为泛在网的全面实现提供可能，使得所有的智能终端都能突破时间、地点和空间的限制，在任何角落连接到网络信号。

低功耗

随着技术的不断发展，网络速度变得越来越快，同时设备功耗也变得越来越高。谷歌眼镜之所以不能大规模商用，很大一部分原因就是功耗太高，用户体验太差。

从这个角度而言，降低功耗是个很大的问题，5G 要支持大规模物联网应用，就必须考虑功耗方面的要求。一个实际的例子是，可穿戴产品近年来取得一定的发展，但也遇到很多瓶颈，其中体验较差，是难以进入普通民众生活的主要原因。比如智能手表，每天甚至几个小时都需要充电，导致用户的体验非常差。未来，物联网产品都需要通信与能源，虽然今天可以通过多种手段实现通信，但能源的供应大多只能靠电池，为了确保产品的使用时间长，必须把功耗降下来，让大部分物联网产品一周充一次电，或者一个月充一次电，以改善用户体验，越来越丰富的物联网产品才会得到普通大众的广泛接受。

低功耗主要采用两种技术手段来实现，分别是美国高通等主导的 eMTC 和华为主导的 NB-IoT。

eMTC 基于 LTE 协议演进而来，为了更加适合物与物之间的通信，也为了成本更低，对 LTE 协议进行了裁剪和优化。eMTC 基于蜂窝网络进行部署，其用户设备通过支持 1.4MHz 的射频和基带带宽，可以直接接入现有的 LTE 网络。eMTC 支持上下行最大 1Mbps 的峰值速率。

NB-IoT 的构建基于蜂窝网络，只消耗大约 180KHz 的带宽，可直接部署于 GSM 网络、UMTS 网络或 LTE 网络，以降低部署成本、实现平滑升级。

NB-IoT 不需要像 5G 的核心技术一样重新建设网络。虽然 NB-IoT 的传输速度只有 20K 左右，但却可以大幅降低功耗，使得设备有很长的时间不用换电池。这一特点对于各种设备的大规模部署都是有好处的，也能满足 5G 对于物联网应用场景低功耗的要求。NB-IoT 和 eMTC 一样，是 5G 网络体系的一个组成部分。

低功耗的要求非常广泛，举一个典型的例子。对于河流的水质监测，几十公里或是几公里设立一个监测点，监测结果不够准确，要找到污染源非常困难，而设立大量常规的监测点，成本又太高，这就需要设立大量成本低的监测点，及时回传数据。如果采用低功耗技术，将监测器布置在河流沿线，半年换一次电池，维护的成本就很低，从而形成有价值的应用。

低时延

5G 的一个新场景是无人驾驶、工业自动化的高可靠连接。正常情况下，人与人之间进行信息交流，140 毫秒的时延是可以接受的，不会影响交流的效果。但对于无人驾驶、工业自动化等场景来说，这种时延是无法接受的。5G 对于时延的终极要求是 1 毫秒，甚至更低，这种要求是十分严苛的，但却是必需的。3G 网络时延约 100 毫秒，4G 网络时延约 20～80 毫秒，到了 5G 时代，时延将会逐步下降至 1～10 毫秒。

5G 低时延的特点，必将使自动驾驶和车联网等领域迎来大爆发。通常来说，无人驾驶汽车需要中央控制中心和车进行互联，车与车之间也应该进行互联，在高速前进中，一旦需要制动，需要瞬间把信息传送到车上，车的制动系统会迅速做出反应。100 毫秒左右的时间，车会向前冲出几米，这就需要在最短的时延内，把信息传送到车上并得到及时反应，否则后果不堪设想。

不仅如此，相关交通枢纽上还将部署大量传感器和摄像头拍下视频，通过大数据传输形成动态流量图，行人可轻松直观地看到交通实况，智能交通体系将全面建成。该技术还有望用于比赛实况转播，人们在移动终端上即可看到个性化的体育赛事直播，进行全方位无死角观看。

智慧交通的应用只是 5G 时代的开端，而真正的王者，是无人机。

在无人驾驶飞机上，低时延的要求同样很高。比如，当成百上千架无人驾驶飞机编队飞行时，为了确保安全，每一架飞机之间的距离和动作要极为精准，哪怕是其中一个信息传输延迟太久，都有可能引发重大灾难性事故。而在工业自动化领域，机械臂在操作零件组装时，要想做到高度精细化，制造出高质量的产品，也需要超低时延。

当前，在传统的人与人通信，甚至人与机器通信时，要求都没有这么高，因为人的反应相对较慢，也不需要机器那么高的效率和精细化。要满足低时延的要求，必须在 5G 网络建构中找到减少时延的办法。可以预见，边缘计算这样的技术将被用到 5G 的网络架构中。

2017 年，中国首个低空数字化应用创新基地在上海揭幕，该基地将搭建 4G＋5G 网络，进行低空飞行实验，探索"空中走廊"的可能性。利用 5G 更大的带宽、更高的速度和超低时延，无人机将达到更加精准的控制和及时通信的效果。

低时延还有一个重要应用领域，就是工业控制。这个领域对于时延要求最高，一台高速度运转的数控机床，发出停机的命令，这个信息如果不及时送达，而是有很高的时延，就无法保证生产出的零件是高精密的。低时延就是把信息送达后，机床马上做出反应，这样才能保证精密度。

低时延需要大量的技术进行配合，需要把边缘计算等技术和传统网络结合起来，对特殊的领域提供特殊的服务与保障。

万物互联

移动通信的基本联系方式是蜂窝通信，现在一个基站基本只能连四五百部手机，国际电信联盟的期望是每一平方公里有 100 万个终端。爱立信有一个预测，人类未来会有 500 亿个连接。我们现在的预测是，到 2025 年，中国会有 100 亿个移动通信的终端。

传统的通信中，终端是非常有限的，这是因为在固定电话

107

时代，电话是以人群来定义的，比如说家里一部电话，办公室一部电话。而手机时代，终端数量大爆发，因为手机是按个人来定义的。4G 时代的智能终端产品已不再局限于移动手机，智能手环、平板电脑、智能电器、无人机等都已进入人们的日常生活。

为什么说到 2025 年中国会有 100 亿个移动通信的终端？有两个方面的原因。

第一个原因是，到了 5G 时代，终端不再按人来定义，而是每个人可能拥有数个终端，每个家庭拥有数个终端。届时，智能产品将更加层出不穷，并且通过网络相互关联，形成真正的智能物联网世界。以后的人类社会，人们不再有上网的概念，联网将会成为常态。

数据显示，2018 年，中国移动终端用户已经达到 15 亿，其中以手机为主。从发展趋势来看，5G 时代接入网络中的终端，不再以手机为主，还会扩展到日常生活中的更多产品。换句话说，眼镜、笔、皮包、腰带、鞋子等都有可能接入网络，成为智能产品。家中的门窗、门锁、空气净化器、加湿器、空调、冰箱、洗衣机都可以接入 5G 网络，相互之间进行信息传递，普通家庭真正成为完全智能化的智慧家庭。

第二个原因是，社会生活中以前不可能联网的设备也会联网工作，变得更加智能。比如汽车、井盖、电线杆、垃圾桶这

些公共设施，之前的功能都非常单一，谈不上什么智能化。而
5G 将赋予这些设备新的功能，成为智能设备。所谓 4G 改变生
活，5G 改变社会，其要义就在于此。

大数据以前是通过传统渠道获得信息，如果未来我们有
100 亿个终端可以传输数据，那么我们拥有的数据量将会大大
增加。有了这么大的数据量，人工智能的能力才会变得强大，
才会变得有价值，这对于社会效率的提高是非常有价值的。

5G 时代还会创造出很多以前人们日常生活中没有的新产
品，比如家中会有环境宝这样的产品，用来进行室内空气品质
的监测，并根据监测结果智能控制家中的空气净化器、空调，
甚至暖气。马桶也将更加智能化，不但可以冲洗，还可以进行
日常身体的健康检查。

我们可以大胆设想一下未来的场景：

下班回家，房间的智能空调和电灯便根据你的室外体温自
动开启，温度调节到室内体感舒适的温度；智能微波炉通过感
应自动加热晚餐。餐后，浴缸自动放水，调节到适合你的温度；
智能电动牙刷记录下你的口腔健康状况。如果此时有事需要出
行，车库的门自动开启，一上车就立刻可以看到去往目的地的
实时路况。

未来的所有设施，甚至穿戴产品，都有可能连接到移动网
络，形成无比强大的数据库，虚拟与现实无缝对接，带来全新

的智能时代。

万物互联带来的还有市场大爆发。随着大量的智能硬件进入 5G 网络，设备的连接数量会从原来的几亿或十几亿，增加到百亿。大量的设备可以成为大数据的信息收集终端，从而大幅提升服务能力。在这个基础上，云、人工智能才有更加广泛的发展。

重构安全体系

安全似乎并不是 3GPP 讨论的基本问题，但依个人之见，它也应该成为 5G 的一个基本特点。具体来说，传统的互联网要解决的是信息传输速度、无障碍传输问题，自由、开放、共享是互联网的基本精神，但建立在 5G 基础上的智能互联网，功能更为多元化，除了传统互联网的基本功能，更要建立起一个社会和生活的全新体系。正因如此，智能互联网的精神也变成了安全、管理、高效、方便。

其中，安全是对 5G 时代的智能互联网的首位要求。没有安全保证，可以不建 5G；5G 建设起来后，如无法重新构建安全体系，将会产生巨大的破坏力。

可以设想一下，如果无人驾驶系统很容易被攻破，像电影剧情一样，道路上的汽车可能很容易被黑客控制。如果智能健康系统被攻破，大量用户的健康信息被泄露。如果智慧家庭被入侵……这个世界将会变成何等模样？这些可怕的场景不应该出现，安全问题也不是修修补补可以解决的。

在 5G 的网络构建中，在底层就应该解决安全问题。从网络建设之初，应该加入安全机制，信息应该加密，网络不应该是开放的，对于特殊的服务需要建立起专门的安全机制。网络不是完全中立、公平的。举一个简单的例子。在网络保证上，普通用户的上网服务，如果只有一套系统保证网络畅通，用户可能会面临拥堵。但在智能交通领域，需要多套系统保证其安全运行，保证其网络品质，在网络出现拥堵时，必须保证智能交通体系的网络畅通，且这个体系也不是一般终端可以接入并实现管理与控制的。

根据全国电子商务交易额统计，手机支付的用户比例已经从 2014 年的 33％上升到如今的超过 75％。在将来 5G 时代的物联网中，每一个商品都将装上传感器，完成无人值守和自动购买。目前，无人超市正在全国部分城市试点。

在目前的移动支付体系中，安全问题也是一重大隐患，盗卡盗号、支付诈骗和非法融资的情况屡见不鲜，这也成为很多用户不愿选择移动支付的主要原因。而到了 5G 时代，有了大数据、云计算和人工智能的技术，移动支付的安全性问题将会逐步解决。各大金融机构已经紧跟时代步伐，研发新的智能支付产品，智能终端有望成为移动金融安全终端，新的安全体系将会重构。

随着 5G 的到来，传统的互联网 TCP/IP 协议也将面临考验。传统互联网的安全机制非常薄弱，信息都是不经加密就直接传输，这种情况不能在智能互联网时代继续下去。随着 5G 的大规模部署，将会有更多的安全问题出现，世界各国应该就安全问题形成新的机制，最后建立起全新的安全体系。

5G 的核心技术

在互联网助力下，全球经济一体化加速，"世界正在变平"已经成为共识。这种席卷而来的融合力也在移动通信技术领域逐步显现。它像某种黏稠的汁液，不仅催生移动通信体系走向结构化变革，还渗透到技术实现思路的方方面面。

5G 不是一项技术，而是由大量技术形成的一个综合体系，这些技术将在 5G 建设过程中不断完善。在这期间，会出现新的技术，再继续完善。本书不是一本技术专著，对于技术的探讨是浅显的，对于专业读者来说，可以跳过此节，有关技术的描述只是给普通读者做一个基本介绍。

5G 高速度、泛在网、低功耗、低时延等六大基本特点保障了用户在 5G 时代的基础体验，而核心技术则为实现六大特点提供保障，它们是为新移动通信时代保驾护航的有效手段。

概括而言，5G 核心技术围绕三大目标展开，在继承过往技术积淀的基础上，朝着更智能多变的方向持续演进。这三大目标分别为：

第一，激活网络资源存量。

第二，挖掘网络资源增量（新频率资源）。

第三，灵活组合，实现多样化网络资源配置（引入新体系结构）。

超密集异构网络

未来 5G 会朝着高速度、泛在网等方向发展。万物互联的愿景是在 1 平方公里的面积内有 100 万个设备，所以在未来的 5G 网络中，减小小区半径，增加低功率节点数量，是保证未来 5G 网络支持 1 000 倍流量增长的核心技术之一[①]，这就意味着网络特别密集。同时为了符合泛在网的要求，未来肯定会有大量的基站存在。2G 时代只有几万个基站，3G 时代有几十万个基站，4G 时代有 500 多万个基站，5G 时代 1 000万～2 000 万个基站都是有可能的。

为什么会有这么多基站呢？过去的通信方式都是采用低频

---

① 尤肖虎，潘志文，高西奇，等 .5G 移动通信发展趋势与若干关键技术 [J]. 中国科学：信息科学，2014，44（5）：551－563.

段的频谱，这些频谱有比较强的穿透能力，频率越低，穿透能力越强。

5G 为了把带宽做得很宽，绕射能力就很差了。5G 采用的是 28GHz～32GHz 的频率，也就是毫米波，这种波基本没有穿透能力，雷达采用的就是毫米波，因为没办法穿透飞机，所以会被反射回来。

如果通信采用毫米波的频率，意味着没办法穿透障碍，所以就需要用到很多微基站，做到密集部署。密集部署的网络拉近了终端与节点间的距离，使得网络的功率和频谱效率大幅度提高，同时也扩大了网络覆盖范围，扩展了系统容量，并且增强了业务在不同接入技术和各覆盖层次间的灵活性[①]。

上面说的就是超密集。那什么叫异构呢？

所谓异构，就是不同结构的意思。虽然超密集异构网络架构在 5G 中有很大的发展前景，但是随着节点数量的大规模增加以及节点间距离的减少，网络部署会变得越来越密集，网络拓扑变得更加复杂，从而容易出现与现有移动通信系统不兼容的问题。在 5G 通信网络中，干扰是一个必须解决的问题。

5G 网络需要采用一系列措施来保障系统性能，主要有不同业务在网络中的实现、各种节点间的协调方案、网络的选择，

---

① 赵国锋，陈婧，韩远兵，徐川 . 5G 移动通信网络关键技术综述［J］. 重庆邮电大学学报（自然科学版），2015, 27（4）：441 - 452.

以及节能配置方法等。这种将多种网络组织起来形成一个体系的方式，就叫超密集异构。

超密集异构网络技术是移动通信发展到融合阶段的必然产物。随着未来移动通信应用场景的不断丰富，对网络信息传输的要求会随时间和地点呈现出非均匀特性。过去以宏蜂窝为主、以区域覆盖为目的的移动通信网络架构已经很难满足呈指数级增长的细分需求。

超密集异构网络技术以创新的姿态出现，直面这一难题。它超越了运营商及技术系统的范畴，将不同网络协同整合到一起，为 5G 时代网络系统的大容量、多样性和灵活性提供了有力保障。

虽然超密集异构网络架构在 5G 时代发展前景广阔，但也带来了一些全新的问题。

首先是兼容问题。节点间的距离减少，超密集网络部署将使网络拓扑变得更加复杂，与现有移动通信系统不兼容的概率也随之攀升。

其次是干扰问题。在 5G 移动通信网络中，主要干扰有同频干扰、共享频谱资源干扰、不同覆盖层次间的干扰等。如何解决这些干扰带来的性能损伤，实现多种无线接入技术、多覆盖层次间的共存，是一个需要深入研究的重要问题。另外，现有通信系统的干扰协调算法只能解决单个干扰源问题。而在 5G

网络中，相邻节点的传输损耗一般差别不大。多个干扰源强度相近，将进一步恶化网络性能，使现有的协调算法难以应对。

最后是网络切换问题。在超密集网络中，很多网络节点依赖用户部署，而用户部署的节点具有随机开启和关闭的特点，网络拓扑和干扰也随之持续动态地发生变化。我们需要新的切换算法和网络动态部署技术来满足用户的移动性需求。

自组织网络

在传统移动通信网络中，主要依靠人工方式完成网络部署及运维，既耗费大量人力资源，又增加运行成本，而且网络优化也不理想[1]。在 5G 时代，原有的移动通信网络会面临很多新的挑战，比如说怎么进行网络部署、运营及维护，这主要是由于网络存在各种无线接入技术，且网络节点覆盖能力各不相同，它们之间的关系错综复杂。

简单举个例子。如果在一个网络系统中要分出一部分网络给智能交通使用，而智能交通业务对网络的品质有比较高的要求，所以自组织网络（self-organizing network，SON）的含义就是网络在定义的过程中要根据不同的业务进行组织，即对于各种不同要求的网络可以通过一个自组织的体系进行

---

① IMT‐2020（5G）Promotion Group. 5G Vision and Requirements，white paper [EB/OL]．[2014‐05‐28]．http：//www. IMT‐2020. cn.

构建，在大的网络体系下为某些用户提供特殊的服务。因此，自组织网络的智能化将成为 5G 网络必不可少的一项关键技术。

自组织网络技术解决的关键问题主要有：（1）网络部署阶段的自规划和自配置；（2）网络维护阶段的自优化和自愈合[①]。自规划的目的是动态进行网络规划并执行，同时满足系统的容量扩展、业务监测或优化结果等方面的需求。自配置即新增网络节点的配置可实现即插即用，具有低成本、安装简易等优点。自优化的目的是减少业务工作量，达到提升网络质量及性能的效果[②]。至于自愈合，顾名思义，指的是构建的网络系统可以自动发现问题、找到问题，同时可以排除故障，大大减少维护成本并避免对网络质量和用户体验的影响。

内容分发网络

在 5G 时代，随着音频、视频、图像等业务急剧增长，加上用户规模继续扩大，强大的市场需求自然会带来网络流量的爆炸式增长，而这种情况会影响用户访问互联网的服务质量。

如果最近有一部特别火的电视剧，大家一起去访问某一个

---

① 贺敬，常疆 . 自组织网络（SON）技术及标准化演进［J］. 邮电设计技术，2012（12）：4 - 7.

② 胡泊，李文宇，宋爱慧 . 自组织网络技术及标准进展［J］. 电信网技术，2012（12）：53 - 57.

服务器，就可能导致网络阻塞。5G 时代，如何进行高效的内容分发，尤其是针对大流量的业务内容，怎么做才能降低用户获取信息的时延，成为网络运营商和内容提供商必须解决的一大难题。

通过增加带宽并不能彻底解决高效的内容分发，因为它还受到传输中路由阻塞和延迟、网站服务器的处理能力等多重因素的影响和制约，这些因素与用户服务器之间的距离关系密切。内容分发网络（content distribution network，CDN）对未来5G 网络的容量与用户访问具有重要的支撑作用①。

所谓内容分发网络，就是指在传统网络中添加新的层次，即智能虚拟网络。采用大数据分析的方式，CDN 系统综合考虑各节点连接状态、负载情况以及用户距离等信息，通过将相关内容分发至靠近用户的 CDN 代理服务器上，实现用户就近获取所需的信息②。如果附近的很多用户喜欢看《都挺好》，那就将这部剧储存在这里的网络节点上，使得网络拥堵状况得以缓解，降低响应时间，提高响应速度。

在 5G 时代，随着智能移动终端数量的快速增长，用户对移动数据业务的需求量以及服务质量的要求也在不断提升，内

---

① 王玮 . CDN 内容分发网络优化方法的研究［D］. 武汉：华中科技大学，2009.

② 赵国锋、陈婧，韩远兵，徐川 . 5G 移动通信网络关键技术综述［J］. 重庆邮电大学学报（自然科学版），2015，27（4）：441 - 452.

容分发网络技术可以满足这些需求，因此，它将成为 5G 必备的关键技术之一。

D2D 通信

D2D 通信即设备到设备通信（device-to-device communication，D2D），是一种基于蜂窝系统的近距离数据直接传输技术。目前，标准化组织 3GPP 已经把 D2D 技术列入新一代移动通信系统的发展框架中，成为第五代移动通信的关键技术之一。

思科公司预测，2019 年全球移动数据流量将是 2014 年的 10 倍，接入 IP 网络设备的数量将达到百亿[①]。随着数据流量的飞速增长、接入网络的终端数量迅速上升，通信网络的体系和架构都面临着巨大的挑战。为应对网络密集化和差异化带来的问题，不能指望任何网络或通信系统的中心设备能够大范围、高效率地指挥、调度通信网络中各终端节点的行为，在无需中心设备干预的情况下，建立大批量的"本地"连接对未来网络来说是势在必行的[②]。

D2D 会话的数据直接在终端之间进行传输，不需要通过基

① CISCO I. Cisco visual networking index: forecast and methodology 2014 - 2019, white paper ［EB/OL］. http://www.cisco.com/c/en/us/solutions/collateral/service-provider/ip-ngn-ip-next-generation-network/white_paper_c11 - 481360.html.
② 钱志鸿，王雪. 面向 5G 通信网的 D2D 技术综述 ［J］. 通信学报，2016，37（7）：1 - 14.

站转发，而相关的控制信令，如会话的建立、维持、无线资源分配以及计费、鉴权、识别、移动性管理等仍由蜂窝网络负责[①]。

在 5G 时代，引入 D2D 通信会给我们带来巨大的好处，不过也会面临一些挑战。当终端用户间的距离不足以维持近距离通信，或者 D2D 通信条件满足时，如何进行 D2D 通信模式和蜂窝通信模式的最优选择以及通信模式的切换都需要思考解决。此外，D2D 通信中的资源分配优化算法也值得深入研究[②]。

M2M 通信

M2M 通信即机器与机器之间的通信（machine to machine，M2M）。美国咨询机构 FORRESTER 预测估计，到 2020 年，全球物与物之间的通信将是人与人之间通信的 30 倍[③]。M2M 的定义主要有广义和狭义两种。广义的 M2M 主要是指机器与机器之间、人与机器之间以及移动网络与机器之间的通信，它涵盖了所有实现人、机器、系统之间通信的技术；从狭义上说，

① PENG Tao, LU Qianxi, WANG Haiming, et al. Interference Avoidance Mechanisms in the Hybrid Cellular and Device-to-Device Systems [C] //Personal Indoor and Mobile Radio Communications. Tokyo：IEEE，2009：617 - 621.

② 赵国锋，陈婧，韩远兵，徐川 . 5G 移动通信网络关键技术综述 [J]. 重庆邮电大学学报（自然科学版），2015，27（4）：441 - 452.

③ SHAO Y L，TZU H L，KAO C Y，et al. Cooperative Access Class Barring for Machine-to-Machine Communications [J]. IEEE Wireless Communication，2012，11（1）：27 - 32.

M2M 仅仅指机器与机器之间的通信。

目前，日常生活中最常见的仍然是人与设备之间的通信，比如上网就是人与机器之间的通信。到了 5G 时代，机器与机器之间的通信可能将扮演重要的角色。

举一个家庭管理的例子。智能家庭管理系统中的环境监测网络在监测家庭的环境数据，并将数据发送到云端，经过数据对比以后发现，现在家庭中的环境质量是有问题的，然后控制系统就给空气净化器、新风系统等发送一个指令，让它们进行工作。届时，很少需要或者不再需要人和机器之间进行沟通。

M2M 的发展现在也面临着一些技术难点。海量的机器交流会引起网络过载，不仅会影响移动用户的通信服务质量，还会造成用户难以接入网络等问题。此外，在 M2M 通信中，充斥着大量小信息量的数据包，导致网络传输效率下降，在无法充电的条件下，未来 5G 网络面临着延长 M2M 终端的续航时间的难题。

信息中心网络

信息中心网络（information-centric network，ICN）的意思就是网络以信息为中心的发展趋势。ICN 的思想最早是 1979 年由 Nelson 提出来的，作为一种新型的网络体系结构，ICN 的目标是取代现有的 IP。

与以主机地址为中心的传统 TCP/IP 网络体系结构相比，ICN 采用的是以信息为中心的网络通信模型，忽略 IP 地址的作用，甚至只是将其作为一种传输标识①。信息一般包括实时媒体流、网页服务、多媒体通信等，而信息中心网络就是这些片段信息的总集合。

信息中心网络具体实现的方式是：

第一步，我向网络发布一个视频内容，当网络中的节点收到我发布内容的相关请求时，知道如何响应。

第二步，我的一个朋友知道了这个视频，他第一个向网络发送内容请求时，节点将请求转发到内容发布方，也就是我这里，我就会将相应内容发送给订阅方，在这个过程中，带有缓存的节点会将经过的内容缓存下来。

第三步，如果其他订阅方对相同内容发送请求时，邻近带有缓存的节点会直接将相应内容响应给订阅方。

移动云计算

5G 时代，全球将会出现高达 500 亿个连接的万物互联服务，因为需求越来越多样化，人们对智能终端的计算能力及服务质量的要求越来越高，尤其是计算方面的需求，将达到常人

---

① 赵国锋，陈婧，韩远兵，徐川 . 5G 移动通信网络关键技术综述［J］. 重庆邮电大学学报（自然科学版），2015，27（4）：441-452.

难以想象的地步。

移动云计算是指在移动互联网中引入云计算。过去，移动设备需要处理很多复杂的计算，也需要做很多的数据储存，移动云计算则将这些内容转移到云端，可以很大程度上降低设备的能耗，也可以解决移动设备上储存资源不足的问题。此外，将数据储存在云端也就是一系列的分布式计算机中，也降低了数据和应用丢失的概率。

未来，移动云将会作为一个服务平台，支持智能交通、移动医疗等各种各样的应用场景。

软件定义无线网络

当下，无线网络面临的一个重要挑战就是其中存在大量的异构网络，如 LTE、WiMax、UMTS、WLAN 等，这种现象还会持续相当长的一段时间。异构无线网络面临的主要挑战是难以互通，资源优化困难，无线资源浪费等[1]。

简单来说，软件定义无线网络就是用一个通用的模式来定义和控制无线网络，让网络系统变得更加简单。

软件定义无线网络是怎么实现的呢？

---

[1]　FERRUS R，SALLENT O，AGUSTI R. Interworking in heterogeneous wireless networks：comprehensive framework and future trends ［J］. IEEE Wireless Communication，2010，17（2）：22 - 31.

首先，控制平面获取并预测整个网络系统中的信息，例如用户属性、动态网络需求以及实时网络状态。在得到这些数据以后，控制平面再根据这些信息来优化和调整网络上的资源分配等问题，这个过程简化了网络管理，加快了业务创新的步伐。

软件定义无线网络能指导终端用户接入更好的网络或由多个异构网络同时为用户提供服务，不仅简化了网络设备，还为设备提供了可编程性，使得异构网络之间的互通更加容易[①]。

情境感知技术

情境感知技术是一种崭新的计算形式。简单来说，情境感知技术是一个采用了传感器等相关技术的信息管理系统，使得终端设备具备感知当前情境的能力，并分析位置、用户行为等情境信息，主动为用户提供合适的服务[②]。它具有适应性、及时性、预测性等特点。

情境感知技术将让移动互联网变得更加主动与智能，它可以及时推送用户最想知道的信息，而不是被动地由用户发起信息请求。情境感知技术可以在符合管理要求的框架之内智能地

---

① 赵国锋，陈婧，韩远兵，徐川 . 5G 移动通信网络关键技术综述 [J]. 重庆邮电大学学报（自然科学版），2015，27（4）：441 - 452.

② ANIND K. Understanding and using context [J]. Personal and Ubiquitous Computing，2001（5）：1 - 34.

响应用户的相关需求，即"网络适应业务"①。

边缘计算

边缘计算就是将带有缓存、计算处理能力的节点部署在网络边缘，与移动设备、传感器和用户紧密相连，减少核心网络负载，降低数据传输时延②。

以无人驾驶为例。过去如果有一辆无人驾驶的汽车行驶在路面上，突然发现车前出现了一只猫，这时需要把这个信号通过网络发送到基站，然后再通过交换机送到中央控制中心，经过中心的计算得出刹车的结论，再返还基站，基站最后再将这个信号给到汽车，这么长的传输链条就很难达到 5G 时代时延只有 1 毫秒的愿景。采用边缘计算的方式以后，基站就可以将刹车信号直接给到汽车，从而减少时延。

网络切片

在 5G 时代，不同的应用场景对网络功能、系统性能、安全、用户体验等都有着差异化的需求，比如智能交通和观看视频对网络性能的要求肯定是不一样的。如果只使用同一个网络

① 4G AMERICAS. 4G Americas' Recommendations on 5G Requirements and Solutions, white paper [EB/OL]. [2014 - 10 - 23]. http：//www.4gamericas.org.

② 项弘禹，肖扬文，张贤，朴竹颖，彭木根 . 5G 边缘计算和网络切片技术 [J]. 电信科学，2017，33（6）：54 - 63.

提供服务，这个网络一定会非常复杂，并且很难达到某些极限场景的功能要求，同时网络的运维也会变得相当复杂，运维成本十分高昂。

针对不同业务场景对网络功能需求的不同，如果为这些特定的场景部署专有网络，这个网络只包含这个应用场景所需要的功能，那么服务的效率将大大提高，应用场景所需要的网络性能也能够得到保障，网络的运维将变得简单。这个专有的网络即一个 5G 切片实例①。

网络架构的多元化是 5G 网络的重要组成部分，5G 网络切片技术是实现这一多元化架构不可或缺的方法。网络切片技术将是未来运营商与 OTT 公司后向合作的重要手段，是运营商为了实现新的盈利模式不可或缺的关键技术。

5G 的全球格局

说到 5G 实力，这是一个综合体系，不是一项两项指标。那么，5G 实力需要从哪些维度来看呢？

我认为考察维度必须包括六个方面：（1）标准主导能力；

---

① 许阳，高功应，王磊 . 5G 移动网络切片技术浅析 [J]. 邮电设计技术，2016（7）：19－22.

（2）芯片的研发与制造能力；（3）系统设备的研发与部署能力；
（4）手机的研发与生产能力；（5）业务的开发与运营能力；
（6）运营商的能力。

全世界在 5G 领域最强大的国家或经济体有哪些呢？目前
是美国、欧洲、中国这三大核心集团，韩国和日本也有一定的
影响力。换句话说，放眼全球，5G 市场大多被这些国家瓜
分了。

谁在主导全世界的 5G 标准？

说到 5G 的标准，大家可能都知道所谓编码之争，部分不
太熟悉这一领域的网友干脆把 5G 标准简化成了编码之争，所
以网上的一种说法是华为和高通争 5G 标准，联想倒向了高通，
导致在 5G 标准方面让高通占了上风。这种说法有失偏颇，主
要缘于对 5G 标准不够了解。

5G 标准是一个复杂的体系，包括编码、空口协议、天线等
很多方面，所以国际标准化组织有多个工作组在开展标准制定
工作。具体做法是：由某个或某几个企业领头，写出标准，大
家讨论确定，最后众多的标准一起形成了整个 5G 标准。

在 5G 标准这样一个完整的体系之下，需要进行多个子标
准的立项，哪个国家和企业立项多，自然在整个 5G 标准中就
占有主导权。立项谁能提出来？肯定是大国或大企业才有实力

提出来，或者说是有技术积累、对 5G 有前瞻能力的企业才有实力提出来。

全世界 5G 标准立项通过的企业有：中国移动 10 项；华为 8 项；爱立信 6 项；高通 5 项；日本 NTT DOCOMO 4 项；诺基亚 4 项；英特尔 4 项；三星 2 项；中兴 2 项；法国电信 1 项；德国电信 1 项；中国联通 1 项；西班牙电信 1 项；Esa 1 项。按国家统计，中国 21 项；美国 9 项；欧洲 14 项；日本 4 项；韩国 2 项。5G 标准的立项就被这些国家或经济体瓜分了，其他国家基本上没有什么发言权，这其中实力最为强大的国家，或者说 5G 标准的重要主导者是谁？当然是中国。

可能很多人会对这个标准立项的结果非常不解，为什么中国移动的立项有 10 项之多，超过了美国一个国家的立项总数，中国移动的技术真有这么强吗？

中国移动在世界 5G 标准立项中起了重大作用，很大程度上影响了世界 5G 标准立项，这不是无缘无故的，可以从多个角度进行分析，其中最明确的两个缘由是：

(1) 中国移动是对 TDD 理解最深的电信运营商。

说到 TDD，这是移动通信要实现双向工作的基本原理。所谓双向工作，就是把数据同时进行传输。我们打电话时，既可以说话让对方听见，同时也能听见对方说话，这就需要双向工作。要实现双向工作，全世界有两大技术思路，一个是 FDD，就是用两个频率来实现双向工作，更简单的表述，就是用两根管子来传输信息，一根管子往上发数据，一根管子向下收数据。这个办法品质好，效率高，但问题是占用的资源多，得用两个配对的频率。TDD 则是一个频率，用时间来进行区隔，通俗描述就是，用一根管子来传输信息，一会往上传，一会往下收。它的传输速度就比不上两根管子了，好处是占用的资源少。

技术上 FDD 和 TDD 各有优劣，不同的时代采用不同的技术很正常。3G 时代，全世界的技术主流采用的是 FDD，无论是欧洲的 WCDMA，还是美国的 CDMA2000。中国提出了自己的 3G 标准，也被作为国际标准之一，这就是 TD-SCDMA。当时这一做法在国内遭到了诸多诟病，TD-SCDMA 最初发展之路极为艰难，但中国政府还是决心支持它，把网络建设的任务交给中国移动这个中国最有实力的电信运营商。中国移动最初也不想接，但因是国家任务，不能不接。经过了艰难的建设过程，TD-SCDMA 终于得以商用。

在 TD-SCDMA 的基础上，中国在 4G 时代提出了 TD-LTE 这个技术标准。这时，全世界都看清了中国的决心，从芯片厂商到设备制造商都开始支持 TD-LTE，也支持 TD-SCDMA。可以说中国移动在 4G 上大获全胜，取得市场领先地位，TD-LTE 标准也被多个国家的运营商采用。

在此过程中，中国移动成立了一个 GTI 联盟来推动 TDD

技术，渐渐成为 TDD 技术的领头羊。与此同时，在全球电信运营商中，中国移动对 TDD 技术的理解最为深刻，形成了强大的技术积累。

人算不如天算。到了发展 5G 的时候，因为大带宽需要更多的频谱资源，而频谱资源尤其是高品质的非常有限，于是很多国家放弃 FDD，转向效率更高、频谱利用率更高的 TDD 技术，今天全世界的 5G 技术都采用的是 TDD 技术。对于 TDD 有着十多年的积累，对 TDD 组网、技术特点有深刻理解和发言权的中国移动，在 5G 技术中扮演重要角色，也就再正常不过了。

（2）中国移动是用户最多、网络最复杂的运营商。

中国移动是世界上用户最多的电信运营商，拥有 9 亿用户，差不多相当于欧洲的总人口数，是美国人口的 2 倍多，用户层次复杂，用户要求和特点非常不同。

中国移动建设了一个全球覆盖度最好的网络，不仅在大城市，广大农村地区也覆盖得很好，其网络建设能力是其他所有运营商学习的榜样。

中国移动运行的网络有 2G 的 GSM、3G 的 TD-SCDMA、4G 的 TD-LTE，网络复杂度高，除了承载语音、数据，还有大量的物联网服务，对于网络的理解较其他运营商更为深刻。

由此可见，在全球 5G 标准立项方面，中国移动对未来 5G

的看法和要求，成为全世界 5G 发展的一个标杆。

以美国为首的几家运营商，在 5G 发展中主推 NSA，就是非独立组网，核心网和基础网络还是 4G 的，然后在重点地区比如 CBD，建设一点 5G 基站，然后宣称是 5G 了。但事实上，除了拿它当光纤用，为流量集中地区提供更多的带宽，根本没法全面开展 5G 业务。以中国移动为代表的中国运营商集团提出了 SA 的路线图，从一开始就是要建设一个真正的 5G 网络，虽然投资大一些，网络建设也比较复杂，但这个网络最大的好处，是可以开展所有 5G 业务。很多人可能不知道，NSA 建立以后还是要发展成 SA，其实要花更多的钱，而且会把网络搞得更复杂。

在 5G 发展的路线图中，以中国移动为代表的中国运营商更加积极，而且眼光更远，技术要求更高。加上中国有华为这样的设备商，又有大量手机厂商、业务开发商，因此，在 5G 标准中，中国通过的立项最多。可以说，中国在全球 5G 标准中居于最前列，任何一项 5G 的子标准和技术，如果没有中国，都很难通过。

需要说明的是，5G 标准不是一个国家，也不是一个企业能主导的，需要各国众多企业一起来推动。而在这个群体中，中国的企业最多，出的力最大，这是世界各国不得不承认的。

5G 芯片的实力哪个国家强?

今天的通信是由计算、存储、传输形成的一个体系,要做好 5G,无论是基站还是手机,都需要芯片。中国的芯片和世界一流水平相比还是有较大的差距,有很多我们需要奋起追赶的地方。那么,5G 芯片到底哪个国家最强呢?

要搞清楚这个问题,首先得了解 5G 网络哪些地方需要芯片。核心网络的管理系统,需要计算芯片,也需要存储芯片,而基站等众多设备需要专用的管理、控制芯片。与此同时,手机需要计算芯片、基带芯片和存储芯片,未来大量的 5G 终端还需要感应芯片。这是一个庞大的体系,而在这一方面,中国与全球顶级水平还有较大的差距。下面分项进行分析:

(1)计算芯片:在服务器、核心网、基站上需要计算芯片,可以理解成 CPU。英特尔是华为最重要的供应商,也是中兴最重要的供应商,除了少数服务器芯片中国有一定的产品外,绝大部分计算芯片都是美国企业称霸世界。

(2)存储芯片:无论是服务器还是云,都需要大量存储,5G 的高速度、大流量自然需要存储。如今的智能手机,存储器早已经从原来的 16GB 大幅扩容,64GB 都只是基本配置。存储芯片目前还是美国、韩国、中国台湾居于主导地位。中国大陆也有多家企业在存储领域发力,但想在市场上占据主导地位,还需要努力一段时间。相信未来 5 年，中国企业在这一领域会有较大作为。

（3）专用芯片：除了计算、存储这些通用芯片之外，在 5G 通信基站及相关设备上，还会有一些专用芯片，这个领域依然还是美国占据优势。除了英特尔、高通这样的企业外，还有大量的企业生产各种专用芯片。中国是这些美国企业最大的市场。欧洲也有一些企业生产专用芯片。中国在这一领域也有了较大进步，海思、展锐、中兴微电子等企业都在设计和生产专用芯片。可以说该领域各国企业各有所长，不像计算芯片那样被美国企业垄断。

（4）智能手机芯片：移动通信最重要的终端就是智能手机，智能手机芯片，不仅要进行计算，还要进行专门的处理，比如 GPU 进行图像处理，NPU 进行 AI 处理，因此智能手机芯片必须尽量做到体积小、功耗低。拿下智能手机芯片，可以说就拿下了芯片王国皇冠上的明珠。4G 时代，向所有企业供货的最有代表性的企业是高通和联发科，随着各手机厂商技术实力增强，苹果、三星、华为三强都分别研发了自己的旗舰机芯片，不再采用高通的芯片。但到了 5G 时代，三星的 5G 手机还是采用了高通芯片，苹果一直在和高通打官司，最后结果可能还是会采用高通芯片，唯有华为 5G 芯片会采用自己的。联发科也会在 5G 芯片方面坚持研发，而展锐通过多年的技术积累加上国家加大投入，正在 5G 中低端芯片上发力。总体来说，5G 智能手机芯片，美国拥有最强大的实力，不过华为已经在旗舰产品上进行抗衡，而在中低端产品上展锐也会有所作为。

（5）感应器：5G 是智能互联网时代，除了计算、存储、控制芯片之外，感应器是半导体领域的新机会。目前，在智能手机上已经有大量感应器，而 5G 智能终端中的感应器会更多，能力会更强。在这一新兴领域，不少国家都加入到争夺中，目前很难分出高下，除了恩智浦等大型半导体公司，还有大量中小企业希望有所作为，而日本的村田制作所等企业也有一定优势。

综上所述，在 5G 芯片领域，美国总体上占据较大优势，如果不出大的意外，会在未来一段时间内继续居于主导地位，而欧洲出现一定的衰落，中国则正在发力寻求突破，未来的 5～10 年，目前的市场格局是否会发生较大的变化尚难判断，但中国正在逐步变强，是一个不可改变的趋势。

通信系统设备的研发和部署能力

5G 要走出实验室，成为消费者可以使用的服务，需要一个庞大的 5G 网络，这个网络是由核心网络、管理系统、基站、天线、铁塔等一系列产品组成的。我们称该网络为通信系统，全世界的 5G 网络都必须由这样的通信系统来提供服务。谁有能力研发提供这样的通信系统，就是最有实力的证明。

　　除了研发出 5G 通信系统，还需要结合不同国家、地区、地域、气候进行网络规划和部署，并不断优化，从而提供良好的服务。举一个简单的例子。中国香港土地少，人口集中，而新疆地广人稀，5G 网络的规划和部署是不一样的，这就需要对网络有充分的理解，还需要计算机的仿真能力，以及丰富的经验。

　　全世界最早的移动通信是美国人发明的，摩托罗拉是世界上最早也是最强大的通信设备公司，后来才出现爱立信、诺基亚、西门子、阿尔卡特、朗讯、NEC 等通信设备公司。在中国曾有过所谓的"七国八制"，说的是众多的通信公司在中国争夺市场。

　　2G 时代，中国自己的通信设备可以说一无所有，后期才有少量设备，差距极大。3G 时代，中国的大唐、华为、中兴等公司开始借助 TD-SCDMA 频频发力，而华为、中兴也通过技术积累，在 WCDMA 上加大研发力度，产品极具竞争力，不断在国际市场上开疆拓土。2G 时代欧洲企业通过统一标准，整合力量，确立了自己世界老大的地位。美国从 2G 到 3G 就缺乏整合，内斗非常厉害，政府在不同的集团之间态度摇摆，一会儿支持高通，一会儿支持英特尔，尤其是 3G 时代，因为标准争夺处于下风和 WiMax 的全面失败，美国的设备商遭到沉重打击。

到了 4G 时代，中国企业已有了多年的技术积累并进一步加大研发力度，同时服务水平高，价格也具有竞争力，渐渐成为市场的主力。这一时代通信系统的格局是：华为成为王者，在全世界 176 个国家和地区参与网络建设，网络的品质和服务受到欢迎，由此成为世界上最强大的通信系统设备制造商。第二是爱立信，它是欧洲最强大的系统设备商，但在全球的份额方面渐渐落后于华为。而诺基亚把那些倒下的企业都整合到自己旗下，包括朗讯、西门子、阿尔卡特、上海贝尔，进而占据了第三的位置。中兴居第四，韩国三星居第五。值得一提的是，中国大唐等企业也参与到系统设备市场中，还有日本 NEC 等企业，不过主要聚焦本土市场，在全球市场上缺乏足够的竞争力。

系统设备除了端到端的，还有大量的天线、小基站、直放站等相关设备，这些领域，中国生产商是最多的。

换句话说，如今，在全世界通信系统设备领域，综合实力最强的还是中国的华为、中兴、信科（大唐的母公司）。

5G 时代，如果排除政治影响，在系统设备领域，中国企业成为主导基本上是毋庸置疑的。4G 时代，华为、中兴在全球市场上攻城略地，靠的是什么？首先是技术强大，这个技术是端到端的交付能力，一个运营商要建设网络，不可能自己做技术，它需要系统提供商从网络规划到网络优化，甚至后期运维支持都能提供全面的服务，这种能力考验的是综合实力，甚至还需要提供部分手机，华为、中兴的手机业务都是这样发展起来的。

华为、中兴的技术实力在 5G 时代堪称世界一流，各大运营商对此一致认同。当前，华为和中兴遭遇世界强国的压力，在很大程度上正好说明这些国家惧怕华为、中兴发展起来后，在技术上可能会占据难以超越的领先地位。

除技术之外，华为、中兴的产品在价格上也极具竞争力。通信网络要做得好，一个关键是拼人力，形成解决问题的系统方案。在管理上，中国企业的高效率是非常有名的，同样一个工作人员，同样的工资，爱立信的员工一周只工作 35 小时，华为的员工可能超过 50 小时。同样的产品，服务更好，报价有竞争力，这正是大量外国企业愿意与中国企业合作的重要原因。

最后一点是服务支撑能力。所有的通信网络，说完全没有问题，是不可能的，出现了问题，能不能及时得到响应并解决，就比较考验人了。中国企业人力成本相对较低，效率高，工作时间长，同样的问题，中国企业及时解决问题、保证网络畅通的能力远超其他对手。

虽然最近华为、中兴在国际市场上面临一些政治干扰，部分西方国家会把华为、中兴挡在门外。但我相信，再过三到五年，所谓华为的网络有安全问题的指责会不攻自破。现在部分政客不让用华为网络，到时这些国家的运营商会认识到自己吃了亏，还是会逐渐转向华为和中兴，毕竟这两家企业具有强大的技术、服务能力和价格优势。

从以上分析可以看出，在全球通信系统设备领域位居第一集团的是中国，第二集团是欧洲，韩国也有一定的市场。

手机的研发与生产

5G 的终端产品肯定不仅仅是手机，但在一段时间里，手机还是比较重要的终端，会在很大程度上影响客户的体验与 5G 的发展。

目前，手机研发有一种向少数企业集中的趋势。当今世界，手机研发和生产实力最强的是美国、中国、韩国，世界三强是韩国的三星、美国的苹果、中国的华为。而三强中，三星和苹果都面临一定的困难。三星从"电池门"以来，品牌受到了较大影响，虽然全球市场情况依然不错，但在中国市场的份额萎缩至前十以外。苹果因为缺少创新，2018 年的新机表现不尽如人意。唯有华为具有较强的爆发力，发展势头良好，在巩固了中国市场老大的龙头地位后，在欧洲、印度、中东、东南亚、南美市场都有很好的表现。

到 2020 年，华为冲至世界第二，甚至抢占第一的可能性不是没有。届时，5G 在全球开启商用，华为手机因为拥有强大的综合能力，又有自己的芯片，可以很好地支持 5G，其优势是显而易见的。三星在芯片上很可能受制于高通，还要面临中国企业的竞争。而苹果问题最大，当前正和高通打官司，4G 时代其甚至放弃了高通的基带芯片，如果 5G 还是采用英特尔的基带，对于在通信领域的积累还需要努力的英特尔而言，能不能很好地支持 5G，让苹果手机有更好的表现，现在还要打一个问号，如果中间有不够稳定的问题，那对苹果的伤害可能是非常致命的。5G 时代，全球手机三强中，市场表现最好、技术积累最扎实且势头向上的，唯有华为。

世界十大手机品牌，中国占据 7 席，韩国除三星外，只有 LG 挤进了全球前十强，而中国的 oppo、vivo、小米是前三强后面的小三强，联想、中兴虽然在中国市场表现不佳，但在全球市场表现不错。目前，全世界第一批推出 5G 手机的企业，主要是中兴、联想、oppo、vivo、小米等中国企业。可以说，在智能手机领域，目前还没有一个国家可以在综合能力上和中国企业抗衡。

随着中国市场争夺加剧，越来越多的企业把视角转向全球市场，华为、中兴、联想早就在国际市场有所作为。近几年，小米、oppo、vivo、一加都在海外市场发力，传音这样的企业在非洲市场占据了半壁江山，印度市场也被中国产品占据了大半。

欧洲手机品牌只剩下一个诺基亚了，不过其已经在中国研发和生产，目前只能算是过去的一个品牌而已。

手机的研发和生产，第一集团毫无疑问是中国，美国的苹果和韩国的三星也拥有强大的实力，但比拼综合能力，美国和韩国均难敌中国。5G 时代，中国肯定会更进一步提升自己的实力，巩固优势。

5G 业务与应用的开发和运营

5G 不仅是网络和手机，还需要大量的业务与应用，这也是 5G 能不能广泛商用的重要因素。那么，这方面究竟哪个国家最有竞争力呢？

传统的互联网，基本上就是各国仿制美国。传统互联网业务都是美国最先发明和推动的，然后其他各国向美国学习，或直接采用美国业务。

到了移动互联网时代，中国开始渐渐跟上甚至实现超越。今天的中国移动电子商务、移动支付、共享单车、打车业务、外卖业务，虽然部分业务的雏形还有些美国产品的影子，但越往后发展，越超越了原来的产品。

举两个典型的例子。一个是微信。同样的社交产品，美国不能说没有，但是微信从社交产品发展成支付服务平台，大大增强了用户体验与场景，这方面就很值得美国同行学习了。微信为海量用户提供了效率和方便，尤其是大量小程序的能力，是传统社交平台不能理解的。和微信比，脸书就相差了很多。

另一个是拼多多。电子商务早已有之，但是把社交和电子商务相结合，通过社交形成强大推销能力的做法，完全是一种创新，这也是美国或其他国家的企业不能理解的。如今，在很多领域，中国企业已经成为世界各国争相模仿的对象。

5G 是智能互联网的基础，需要整合移动互联、智能感应、大数据、智能学习，自然需要研发生产智能硬件。如今，在智能硬件产品的研发和生产能力方面，企业最多、实力最强的是中国，像智能手环、手表、体脂秤这样的产品，中国很快做到了世界第一。目前，小米在智能家居领域，整合产品的能力、接入的产品数量均远远超过苹果和谷歌。

华为也开始在这个领域发力，并且已经形成强大的华为智选产品系列，通过 HiLink 协议，把各种智能家居整合起来，它不是自己去做所有产品，而是通过平台，输出整合、智能化、销售和服务能力。

中国智能家居产品的研发和生产水平位居世界一流。中国公司的环境监测产品可以监测温度、湿度、噪声、PM2.5、PM10、甲醛、TVOC、二氧化碳 8 项指标，可以和空气净化器、新风机相联进行智能控制，且产品价格不到 100 美元，这样的产品在世界上很难找到竞争对手。

面向 5G 网络开发特定领域的产品，大量的中国企业正摩拳擦掌。从芯片、模组到智能硬件，从各种智能家居到面向公众服务、社会管理的产品，中国企业积极性很高，投入较大，地方政府对于那些能够提升社会管理效率的智能化产品也非常关注，比如水污染治理、环境监测等方面的产品。

中国在移动互联网领域的创新力，资金和人才的积累，智能硬件的研发、生产能力，是其他国家难以企及的，这也是中国 5G 业务与应用将迎来大发展的基础。

电信运营商的网络部署能力

5G 网络能否发展好，一个关键就是电信运营商的网络部署能力，只有部署好网络，普通民众才能用得上，相关业务才能发展起来。

中国三家电信运营商是世界上实力最强的电信运营商，中国移动拥有用户 9 亿，用户数全球最多，差不多是整个欧洲人口的总和，中国电信和中国联通的用户数也位居世界电信运营商的前列。

中国电信运营商拥有强大的网络部署能力，今天中国的 4G 基站已经覆盖 99％的用户，三家电信运营商的 4G 基站数超过 350 万个，总基站数超过 640 万个，这个数量是其他任何一个国家都难以企及的。美国 4G 基站数不超过 30 万个，印度的总基站数不超过 70 万个。在基站数量上，中国和任何一个大国相比，都是其 10 倍甚至更多。基站数量多意味着网络覆盖能力强，网络的品质好。出过国的国人普遍感觉，在欧美很多国家，出了城市不远就没有网络，或是网络质量很不好，在室内，很多地方的信号也不稳定，说明网络覆盖不好。

中国电信运营商最值得称道的地方，是在广大偏远地区都很好地覆盖了 4G 网络，99％的用户都能享受到网络的便利。在农村地区覆盖网络，不仅缩小了数字鸿沟，还对推动当地的社会经济发展起到了很好的作用。

在网络部署方面，其他大国与中国的差距非常明显，这种差距在 5G 网络部署中依然会出现，它最终会影响一个国家的社会管理能力和整个社会的效率。

除了基站数量，中国在 5G 的技术路线图上，也选择了更为激进的 SA 独立组网方案，而欧美多数国家选择的是 NSA 方案。NSA 非独立组网方案的一大特征是：长时间主要的网络还是 4G，只在核心地区用 5G 组网，也就是说，这种网络不能实现所有的 5G 场景与业务，它还是 4G 网络，只在少数地方通过 5G 提升了一些速度。而中国三家电信运营商选择的 SA 方案，一开始就是建立一个独立的 5G 网络，这个网络不仅可以实现重点地区上网的高速度，还可以支持低功耗、低时延，这为工业互联网、智能交通等提供了通信能力，也为智能家居爆发提供了机会。

试想一下，在欧美国家稍微偏远一点的地方电信信号就很不好，无法支持 4G，甚至连部分旅游胜地都没有移动通信信号，我们就能很好理解为什么移动支付业务无法在欧美国家开展，根本原因是没有一个高品质、高覆盖的网络。而对中国用户而言，大家默认在绝大多数地方都会有网络，都能很方便地用手机进行支付，这种场景能真正实现的国家没有几个。

如今，中国在 5G 发展过程中遇到的种种阻碍和压制，很大程度上不仅是对华为、中兴等中国企业的打压，更体现出欧美精英层对于中国 5G 网络全面部署后，他们将在社会管理能力和社会效率上大大落后于中国的焦虑。

中国一定会尽快建成一个规模庞大、品质很高的 5G 网络，进一步提高中国社会的效率，继续增强社会管理能力，社会服务也会更加便捷。但对于其他很多国家来说，这些在较长时间内都很难实现。不仅是美国，欧洲同样如此，尤其是南欧和东欧，因为大多数电信运营商缺少足够的资金，政府也缺少建设 5G 网络的决心。

政府支持和市场能力

5G 作为一个庞大的系统工程，仅仅依靠企业投入，没有政府支持显然是很难建成的。比如，在法律法规等方面，需要政府大力的支持和帮助。

　　中国政府在 5G 发展的态度上是非常明确的，积极支持加快 5G 建设，这一方面可以拉动社会经济发展，另一方面也能提升社会效率，降低社会成本。

　　一个非常典型的例子是频谱的分配和规划。频谱是 5G 建设必需的基本资源，这和盖房子要用地一样。欧美很多国家对频谱采用拍卖的方式，电信运营商拿到频谱需要花几十亿甚至上百亿欧元，5G 还没有建设，运营商就背上了很高的债务，因此，小型运营商对于 5G 的建设积极性不高，大型运营商即使态度积极，但背负了很大的资金压力。而中国政府采用的是频谱分配方式，在经过协商后，根据电信运营商的需要和技术情况，把频谱分配给电信运营商，频谱占用费用很低，电信运营商压力小。

　　网络建设也是一个大问题。电信运营商建设网络，要进入楼宇小区，整个过程较为复杂，不说价格，谈判的时间就拖不起。中国建设 3G、4G 网络，政府起了很大作用，第一步，政府要求先在楼宇上安装基站，这不仅降低了建设成本，也加快了部署速度。而在政府支持下，进入小区、机关进行网络部署就比较方便，大大降低了成本，尤其是时间成本。

　　从 3G 开始，中国政府的支持在移动通信领域起到了良好的效果。特别是最近几年，在高层的亲自推动下，电信运营商进行了大规模的提速降费，今天的中国，通信资费是世界大国中最便宜的，便宜的资费和广泛的覆盖，让城市和偏远山区都进入了移动互联网时代。在 5G 网络建设过程中，相信政府还会一如既往地发挥巨大作用。当然，世界其他各国政府也在推动 5G 建设，比如分配频谱、发放牌照，但在执行效率和实际效果上，和中国相比尚有较大的差距。

最后一个影响 5G 的力量是市场。一个技术和产品能否发展起来，市场是不是足够大是重要前提。只有市场够大，才能降低成本，让资本愿意投资。中国拥有近 14 亿人口，消费者对新技术有特别高的热情。这一点与欧洲的消费者差别较大。比如，中国用户对于智能手机和 3G、4G 技术的热情远超其他国家，甚至可以说中国普及 4G 似乎是一夜之间完成的。在一些国家认为 4G 应该是白领使用时，中国的老太太们已经用微信建立起了街坊群，交流做饭的技巧，而智能手机更是覆盖了从大城市到农村的所有群体。

近 14 亿用户的市场需求也是其他国家和地区无法理解的。在其他国家或地区的运营商还在通过高价格来实现高收入和较高利润时，中国电信运营商却用低价格获取了高收入，靠的就是庞大的用户群。

5G 是一个庞大的体系，它是否足够强大，靠的不是一个点，需要由多个力量形成综合实力。在这个完整的体系中，中国除芯片稍弱之外，在其他领域均居于优势地位。而中国的芯片也打破了一片空白的局面，相信在 5G 时代能实现较大突破。纵观全球 5G 发展格局，欧洲强在系统，美国强在芯片，中国强在综合实力。可以预期，随着 5G 的正式商用，领先世界的非中国莫属。

电信运营商的新选择

面对即将到来的 5G 时代，电信运营商如何扬长避短，在新的技术和市场形势下，找到属于自己的机会，是它们必须直面而又非常焦虑的大问题。

网络层、管理层、业务层进一步分离

传统的电话时代，电信网络建设、电信网络的计费管理和电信业务是三位一体的，完全融合成一个整体。电信运营商既是网络的架设者，又是计费、业务的管理者，还是电信业务的提供者。当时，业务相对简单，只有语音通信和短信。在这个体系中，电信运营商充分掌握了话语权，也掌控着整个生态链，它非常熟悉和享受这样的生态链。

3G 时代，电信网络不但可以打电话、发短信，还有了上网的功能。电信运营商面对这一变化非常焦虑，担心会沦为管道，在很长一段时间里这成为它最焦虑的事。电信运营商对于只能扮演管道的角色无法接受，仍希望独占生态链，除管理外，业务也希望自己来做。

从日本的 NTT-DOCOMO 做 i-mode 开始，既做管理又做业务就被电信运营商奉为行业发展的代表模式：网络由电信运营商提供，终端由电信运营商按照自己的要求定制，业务也由电信运营商来提供。在这个模式中，电信运营商一统天下，把网络、管理、业务都做了，虽然手机是定制的，一些业务由服务商来提供，但运营商拥有品牌、服务、渠道各方面资源，成为这个产业链的核心和业务整合者。

随着 4G 时代的到来，通过手机就可以上网，很快有大量的业务开发商不受电信运营商的控制，自己开发业务。这些开发商机制灵活，反应迅速，业务涉足的范围广且富有想象力，同时优胜劣汰的速度也快，由此，电信运营商的体系很快被冲破，i-mode 的模式基本上被消解。

中国的电信运营商一直希望建立起自己的 i-mode 模式，希望在业务上有所作为，比如曾经推出的飞信、支付、手机报等业务一度非常红火，但随着时间推移，市场竞争加剧，竞争对手在业务端频频发力，电信运营商很快疲态尽显。

电信运营商在业务层面很难施展，很大程度上是由它的体制、思维、管理体系、人才结构决定的，而这些问题不是一天两天就能改变的。不仅中国的电信运营商如此，全世界的电信运营商也存在同样的情况。

对于电信运营商而言，依靠网络的管理来盈利这一模式已经非常成熟，也行之有效。这套体系和业务开发、运营、管理、推广完全不一样，融合起来困难较大。在管理上无法用另一套体系来进行评价，在用人上也很难给予业务开发人员市场通行价格。这就造成了电信运营商开发的业务，即使走在前面，也很难运营好，更别谈不断完善与提升。电信运营商虽然有强大的销售平台，但很难实现新业务的融合和推广，效率不高。此外，当传统业务和新业务在资源、人才上出现冲突时，电信运营商通常选择力保传统业务，放弃新业务。同时，大量新业务在法律、社会责任上存在瑕疵和诸多条件限制，使得电信运营商畏首畏尾，不敢有所作为。

在 3G 向 4G 发展的阶段，电信运营商基本上接受了只做管道的现实，虽然在视频、音乐、支付方面小有作为，但业务规模相对于管道而言体量非常小，社会影响也不大，在市场上的竞争力与一流的互联网公司相比有非常大的差距。

随着数据流量的加入，在 3G、4G 时代，管道与业务分离的趋势越来越明显，电信运营商虽然通过管道获得了较大规模的收入增长，但业务越来越被其他企业压制。5G 时代，运营商是继续做管道还是想在业务上有所作为，未来的切入点在哪里，引人深思。

相对于 3G 和 4G 时代管道与业务的分离，5G 时代会出现管道层、管理层、业务层的分离。

在 3G、4G 时代，电信运营商提供了管道和流量，业务开发商可以做任何业务，管理的作用并不明显。但在 5G 时代，除了管道层、业务层，管理层的价值会日益凸显出来。

之前，电信运营商的管理主要针对用户，管理层的作用不是很明显。但 5G 时代，网络并不是平等地无差别地提供给所有用户使用。除了普通的个人用户，还会有大量的企业用户，不同的用户对于网络的品质、稳定性、速度、功耗、时延都有各自的要求。同时，在这个体系中，计费也会很复杂，针对不同的用户，计费的原则和方法也会不同。

5G 时代，电信运营商必须充分认识到管理层的价值，通过多种能力建设，在技术、管理原则上为管理层分离出来做准备，向这种分离趋势要收益。

释放 5G 网络管理层的能力

在即将到来的 5G 时代，即便电信运营商做出努力，业务领域仍然不是它的长项。有几个原因：（1）业务范围广泛，电信运营商不可能把所有的业务都拿来自己做。（2）电信运营商在体制、管理、流程方面仍很难进行全局的改变。（3）最关键的一点，5G 会渗透到社会生活和社会管理的每一个角落，这些业务电信运营商并不熟悉。所以，电信运营商做业务并不是一个好的选择，可能会起个大早，赶个晚集，很难成功。

值得注意的是，5G 时代除了需要一个泛在、高品质的网络外，还需要一个较为复杂、安全、可满足不同需求的管理系统。

与 3G、4G 不同，5G 要面向大量不同的应用场景。之前，所有的用户使用网络的场景是一个，即通过智能终端进行联网，这个终端无非是电脑或手机，其他设备很少。在这个网络中，所有的设备是平等的，电信运营商的管理场景单一，只是通过流量来进行计费。而对于 5G，国际电信联盟就规定了三大场景，即增强型高速度的移动宽带网、低功耗大连接的物联网、低时延高可靠的网络通信。对于不同场景，电信运营商提供的网络不同，质量要求不同，计费模式不同，带来的收益也会不同。

即使在同一场景下，用户情况不同，所需的服务也不同。例如，在增强型移动宽带网络中，普通用户上网只是为了浏览、社交、交易、观看视频等，这些业务在网络稳定性、网络质量保证方面的要求并不高，但对于价格比较敏感。对于这样的用户群，电信运营商需要制订低价格的套餐，在服务保证上的等级相对较低。

同样在增强型移动宽带网络中，如果用户做的是远程移动医疗业务，它就需要非常稳定的网络带宽，甚至还有时延方面的特殊要求，如数据传输不能延迟、卡顿。

对于上面两种不同的业务，如果网络速度都是一样的，显然不妥。这就需要对某些业务进行有针对性的保证，对网络资源进行管理，对业务进行重新定义，对安全性等提高要求，建立起强大的保障能力，而这种强大的保障能力，收费肯定是较高的，与一般用户的收费完全不同。

而物联网场景下的业务，很多需要低功耗，并不需要太高的速度，但对安全性有非常高的要求。电信运营商针对这种场景，已经用 NB-IoT 和 eMTC 建立一个新网络来作为支撑，它的计费自然也会有一套新体系。

在管理层方面，最为明显的是要求低时延、高可靠的场景，这种场景主要服务于智能交通、工业互联网、无人驾驶飞机等。要通过多种技术，保证其安全性，在底层和网络端做好安全保证，把各种风险挡在门外。同时，需要用多种技术保证减少时延。普通用户看电视时，有一些时延是可以接受的，但无人驾驶汽车遇到紧急情况时，如果刹车信号需要 20 毫秒才能接收到，车会继续前行半米，就有可能会出大事故，因此必须在 1 毫秒内传递这个信息。针对这样的场景，需要进行网络调整，通过多种能力建设形成强大的保障，其收费标准肯定不是按照一般性的网络服务收取。

对于电信运营商而言，要形成强大的管理能力，需要建立起一个复杂的体系来支撑。首先，针对不同的业务场景，提供多种网络能力支持。eMBB 的增强型高速度网络，需要利用各种资源，整合大量的频谱，提供高速度传输，还要把毫米波用来支持通信能力，这是典型的 5G 技术。但是要支持物联网，就不可能用 eMBB 的网络，而是需要用 NB-IoT 和 eMTC 的技术，组成不同的网络。它们标准与技术不同，速率不同，支持的终端也不尽相同。这就需要电信运营商建设多切片的网络，用多种技术组成一个复杂的 5G 网络，而不是像以前一样，只靠一个网络，提供通用服务。

计费上，5G 会比今天的 4G 更加复杂。通信计费经历了通话时长、短信条数和流量三大计费单元。但在 5G 时代，除了这三大计费单元外，还需要更多的计费模式。比如手环，它只是记录人的运动和心律数据，数据流量很小，相对于 5G 巨大的高速度流量，这点流量基本可以忽略不计，但它要占用码号资源，也需要进行管理，完全不计费显然不可能。

5G 时代是万物互联时代，每个家庭可能会有十几个甚至几十个设备，如果对这些设备进行单独的管理和计费，用户一定会觉得太复杂，因此需要找到一种既保护运营商利益，又兼顾消费者利益，同时不让消费者觉得过于烦琐的计费模式，这是 5G 时代必须解决的难题之一。

亟待重建自己的技术研发能力

一段时间以来，电信运营商已经从高技术企业，逐渐演变为项目管理、销售和服务公司。技术能力越来越弱，网络建设、管理系统、业务开发都依靠外包。技术研发人员的规模与公司员工的总规模相比比例非常小。

在技术非常成熟、技术发展非常稳定的时代，这种情况是可以理解的，效果也不错，因为成本大幅减少，电信运营商可以把主要精力用于管理与销售。但在 5G 时代，电信运营商不但要提供通用的无差别网络，还要向用户提供有服务保证的网络、管理、计费等服务，这就需要它随时提供服务支撑，随时了解用户需求，并在第一时间做出反应，重建管理能力，之前那种通过技术外包再招标的模式已经无法适应这种新变化。

通过下面两个典型的案例，我们可以看出来：技术研发缺失、离产品设计越来越远正困扰着电信运营商的下一步发展。

飞信曾经是中国移动一个非常有代表性的应用，一度在市场上占据重要地位，它本来有机会发展成为垄断市场的强大应用。但是，飞信的开发、维护都是合作伙伴来做，每年需要招标。曾经有一段时间，技术相对稳定，飞信有着和电信网络打通的优势，可以发送短信，受到用户欢迎，发展速度令人瞩目。但随着 4G 的到来，智能手机高速发展，用户对流量的需求大增，网络的信息传输机制从上网访问转为推送，这就需要新的社会信息系统。此时，腾讯以较快的速度开发了微信，并且把这个产品发展成为 4G 时代最为普及的社交应用，并在这个应用上加载了更多的服务，成为一个全新的服务平台。飞信本身转型很慢，随着微信的出现，飞信的业务严重萎缩。

飞信的衰落很大程度上反映出一个尴尬的现实：电信运营商本身不拥有技术，外包对于稳定的技术来说是适合的，但在技术转型时代，如果自己的技术能力弱，不对技术和用户需求进行研究并找到二者的结合点，情况就会变得糟糕。因为受到现实情况的限制，合作的外包公司在转型过程中，很难去进行投资与技术开发。电信运营商对于技术和网络结合的理解不到位，很难跟上时代变化的节奏，落后也就是自然的了。

云的情况更是如此。电信运营商拥有机房和网络，与用户其实很近。因为本身为用户提供网络，在此基础上发展自己的云业务，应该说具有得天独厚的优势。但实际上，电信运营商在云业务发展方面也面临一些困难，因为绝大多数用户需要的云服务，不仅是云存储，还需要建立起管理体系，这就需要对自己的业务进行有针对性的优化，并对不同业务建立起管理系统。而在这一方面，电信运营商提供的服务和技术支持极为匮乏，于是用户流失，竞争不过互联网公司。

5G 不是一个裸的网络，而是需要强大的管理能力来支持。

5G 会渗透到社会管理、社会服务、传统制造等各个领域，大量传统业务使用 5G 时，需要进行新一轮的技术开发，以满足不同用户的选择和需求。在此过程中，需要大量的人才积累、技术积累与能力积累。

目前，中国的三家电信运营商已经有 10 万人的技术研发队伍。在 5G 网络基础上，形成更接近用户的研发能力，不但非常必要，同时也是电信运营商面向新时代、重建自己能力的根本保证。但建立合理的人才队伍，需要对评价机制、管理机制、薪酬机制进行改革，思维模式也要做出改变。唯有重建技术研发能力，电信运营商才能在 5G 时代立于不败之地。

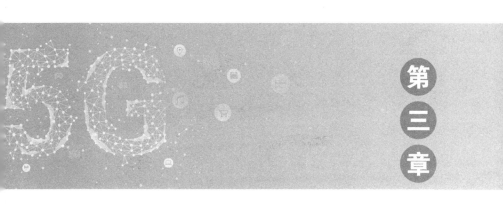

第三章

5G将重新定义传统产业

智能交通

在 5G 时代以前，交通工具的发展经历了几大阶段。最原始的交通工具是人的双脚，然后是被人类驯化的马、驴以及马车、牛车等，同时，轿子与畜力工具长期并存，再往后，随着蒸汽机出现，汽车、火车代替了原始的交通工具。随着文明的飞速发展，人类上天入地下海也变得司空见惯。在即将到来的 5G 时代，人类的交通工具将变得更加智能，功能更为强大。

进入无人驾驶时代

电影《速度与激情 8》中有一个颇为惊险的场景：网络恐怖分子通过计算机间接控制了上千辆汽车，使其在街头横冲直撞，成为杀人武器。

这不是导演的臆想，实际上汽车的远程控制已经不是一个新话题了。如今，将手机通过移动通信网络连接就形成了移动互联网。同理，将无处不在的汽车看作是一个个终端，将车通过移动通信网络连接，就形成了车联网。

简要来说，所谓车联网技术，就是信息通信、智能汽车等多种技术的深度融合。在 3G 和 4G 时代，车联网技术不够成熟，关键的障碍是通信系统的数据传输速度不够快，物与物之间的信息传递还未真正建立起来。进入 5G 时代后，超高速传输将打破这个瓶颈，自动驾驶指日可待。

从最起码的条件来看，无人驾驶需要依靠车内的机器大脑与云端的实时数据产生大量的运算，其每小时产生的数据甚至可以达到 100GB。这是 4G 无法满足的，5G 则不然，它高速度（峰值速度可达 10Gbps）、低时延（1 毫秒）、大容量（相当于目前的 1 000 倍容量）的特点，能真正让时延缩短至 1 毫秒，并且容纳庞大数据处理的带宽，实现轻松的无人驾驶。《速度与激情 8》中的上述场景，就是车联网终端与无人驾驶技术的融合。通过车联网，最终形成车与车的连接，人、车、路、云之间的数据沟通，智能化特征极为明显。

可以预见，5G 给交通领域带来的巨大变革，无人驾驶绝对是关键的一环。

如果把时钟回拨，我们会发现，在 20 世纪的大部分时间里，汽车涵盖速度、创新、个性等，是现代技术的前沿代表之一。为了让汽车能更好地服务于人们的日常生活，绝大多数国家建立了庞大复杂的公路系统，并将这种系统向农村蔓延。正如亨利·福特 1908 年通过生产 T 型车改变了行业面貌一样，创新在人们探索精神的推动下，不断催生出更好的技术和产品。让人备感兴奋的无人驾驶，将使传统的汽车行业再次迎来全新变革。

2018 年 2 月，美国加利福尼亚州成为首个允许没有人类安全驾驶员监督的无人驾驶汽车进行公路测试的州，这意味着像Uber（优步）和谷歌旗下的 Waymo 公司正在加速将无人驾驶汽车推向市场。

而在地球另一端的中国，无人驾驶汽车也出现喜人局面。据中国新闻网报道，2018 年 3 月 22 日，在北京街头，几辆外形独特的轿车平稳前进，这些汽车顶部装着不断旋转的仪器，刹车、减速、转弯、平稳行驶，似乎与正常行驶的汽车没什么区别。然而，透过车窗可以看到，坐在汽车驾驶座上的司机却双手放在膝上，完全由汽车自动驾驶。这是北京市首批自动驾驶测试试验的现场，当天，北京市交管局向百度发放了北京市首批自动驾驶测试试验用临时号牌，三辆自动驾驶汽车正式上路测试。除了北京，上海、重庆等多个城市也先后出台了无人驾驶汽车路测政策，无人驾驶汽车项目如雨后春笋般涌现，行业热度迅速升温。

不论是政策法规层面还是技术层面，自动驾驶都在逐渐完善，而这些车辆将如何影响我们的生活，仍然是个充满想象力的问题。

随着传统能源不断枯竭，加上污染问题日趋严重，未来，大街上的汽油车可能被更智能的无人驾驶汽车取代。在这种车上，因为双手和注意力被解放出来，人们可以抽出更多的时间处理工作、闭目养神或享受娱乐节目。

对于行动不便的老年人和残疾人来说，无人驾驶汽车绝对是得力的助手和福音。如今，方便快捷的电子商务已经对那些不能开车或无外力协助难以行动的人产生了深远影响。想象一下，如果你在超市、购物中心、健康诊所、餐馆因身体不便无法回家，无人驾驶汽车会去接你，平稳地把你送回家。

当然，交通中最重要的一定是安全性。目前的无人驾驶还处于测试阶段。2018 年 3 月 19 日，在美国亚利桑那州坦贝市，一辆优步自动驾驶汽车撞死了一名女子，这是第一起全自动驾驶汽车将行人撞死的案例。酿成悲剧的原因之一，还是未能将无人驾驶放在 5G 的环境下运行。因为在 4G 时代，无人驾驶总会让人感觉车辆慢了半拍，也许数据还没有及时传输，现场情况就发生了变化，就算是 4.5G，危险同样存在。而 5G 因为数据的低时延特点，能大大提高安全性。

但不管怎样，不可否认的是，无人驾驶的未来不容小觑。就拿智能手机来说，20 年前，人们认为拥有一台诺基亚手机就已经很完美了，没想到如今充满现代感的大屏幕智能手机遍地开花。所以，"我们即将进入无人驾驶时代"的言论并非大放厥词。届时，司机这一职业可能消失，驾校可能面临倒闭，交警可能失业，加油站可能消失……

在 5G 时代，自动驾驶必将对社会产生革命性影响。

道路被重新定义

在城市化进程中，交通是经济社会发展的命脉。如今，关于出行的话题也越来越多，我们的交通方式相比从前已经发生了巨大的变化。无论是出行方式的多样性，还是出行的便捷度、舒适度、安全性，都得到了全方位的提升。但一个残酷的现实是：道路拥堵、停车困难、交通事故频发等问题也越发严重。

交通系统具有时变、非线性、不连续、不可测、不可控的特点。在过去缺少数据的情况下，人们在"乌托邦"的状态下研究城市道路交通。但随着即时通信、物联网、大数据等技术的发展，数据采集全覆盖、解构交通出行逐渐成为了可能，一场交通系统的革命已经到来。

可以预见，智能交通协同发展将成为一种趋势。车路协同系统被称为道路交通安全的第三次革命，是智能交通发展的重要目标之一。车路协同系统的基础，是车辆之间、车辆与不同地方的路侧设备之间的相互交流。

随着 5G 时代的到来，车联网将会继续升级。早期的车联网仅指车上有通信装置的车载导航系统，车辆能够通过公网和车辆后台进行通信，获得导航等初级服务。现有的交通信息系统各子系统如红绿灯、出租车、高速、公交等系统相互独立，后台数据没有共享。

车路协同系统则主要通过无线短程通信技术，实现车与一公里内车辆及道路的信息交互，以获知周边车辆速度、位置信息等微环境信息，借此判断周围行车环境、预测事故概率，并实现警车优先、警务辅助、公交优先等功能，提高行车安全性及交通效率。

同时，传统的交通方式也面临着变革。现阶段，部分汽车已经能够实现半自动驾驶，但这部分汽车在行驶过程中难免会受到其他非智能汽车的干扰和影响，交通事故难以避免。未来的一段时间，当无人驾驶汽车和普通汽车并存时，在一些高速公路或者城市道路上可能会专门为智能汽车设计专有的车道，让智能汽车和普通汽车能够有序运行，这样道路的通行能力就会大幅提高。而在无人驾驶汽车全面替代普通汽车时，城市的道路规划就变得更加简单了——因为汽车能够自动识别和规避障碍物。

道路被重新定义的另一个含义，是未来的道路将是智能化的数码道路，每一平方米的道路都会被编码，用有源 RFID 和无源 RFID 来发射信号，智能交通控制中心和汽车都可以读取到这些信号包含的信息，而且通过 RFID 可以对地下道路、停车场进行精确的定位。在这种精准定位的道路上，智能交通控制中心可以有效地对每一辆车进行管理，用户也可以准确地找到需要找的车。最为重要的是，每一辆车会沿着一个数码轨道运行，大大减少了事故发生的可能性。无人驾驶汽车只需要发现前方的障碍并及时反应，不需要担心因为变道、超车、障碍物带来的影响。而笔者本人已经申请了基于 RFID 进行道路数字化管理的专利。

设想一下，重新定义之后的智能交通将是这样的：清晨，完成充电的智能汽车从车库里驶出，它接到智能交通控制中心的指令，去接一个客人。在路上，这辆车会沿着一个已经规划好的数字轨道运行，精确地到达客人的身边，再把客人送往目的地。所有的路线都由智能交通控制中心进行规划，既保证了高速度，也不会出现交通拥堵，因为哪辆车在什么时间经过什么地方，都进行过运算。客人下车之后，自动进行扣费。运行一天的智能汽车，晚上会进入自动消毒站消毒和清洗，然后回到地下车库的充电桩进行充电。这一切都无人控制。

曾经，中国每年有约 10 万人死于道路交通事故，近年管理水平有所提高，每年死于道路交通事故的人还有 5 万人左右。随着道路被重新定义，智能交通体系不断完善，未来每年道路交通事故的死亡人数会下降至几千人，甚至几百人。

依据科学技术发展的趋势，未来的道路交通系统必然会打破传统思维，侧重体现出人类的感应能力，车辆智能化和自动化是最基本的要求，因交通事故导致的人员伤亡事件几乎很难见到，路网的交通承载能力也会大幅提升。当然，这一切得以实现的基础，是必须确保通信技术高速、稳定和可靠。

届时，更为先进的信息技术、通信技术、控制技术、传感技术、计算技术会得到最大限度的集成和应用，人、车、路之间的关系会提升到新的阶段，新时代的交通将具备实时、准确、高效、安全、节能等显著特点，智能交通系统必将掀起一场伟大的革命。

能源实现大规模储存

从历史来看，人类社会得以不断向前发展的三大基础是物质、信息和能量。世界是由物质组成的，信息是交流的媒介，能量则是一切物质运动变化的动力。

作为人类发展能量的主要来源，能源储存能力的不断改进和增强，不但改变了人们利用能源的方式，也推动着产业发展、科技进步和人类文明持续向前。

举一个我们日常生活中常见的电力来说，因为人类的生活起居遵循一定的规律，对电力的需求在白天和晚上负荷变化很大，巨大的用电峰谷差使峰期电力紧张，谷期电力过剩。如果将谷期的电能储存起来供峰期使用，将大大改善电力供需矛盾，也能有效缓解部分地区夏天用电高峰期电力不够的情况。再如太阳能，由于太阳昼夜的变化和受天气、季节的影响，也需要储能系统保证太阳能利用装置连续工作。

近年来，能源危机愈演愈烈，将新能源应用于汽车领域，对人类生存的环境来说意义重大。

2009年2月，一场节能与新能源汽车试点会议悄然召开，这次会议标志着中国新能源汽车产业就此拉开序幕。此后，政策和补贴催生了新能源汽车的崛起。9年后，在2018年的全国"两会"上，国务院总理李克强在政府工作报告中多次提及汽车产业，"新能源汽车"被提及三次之多。

在智能交通领域，能源存储体现在电池上。未来能源发展依赖于能量储存技术的突破。

1970年，研究人员首次发明了锂电池，随后锂电池的能量密度不断提升，成本不断下降。然而，和摩尔定律一样，锂电池的发展已经达到了理论极限，研究人员正在寻找替代技术。电池能量密度俨然是目前电池行业，甚至是电动汽车行业向前大跨步发展的最重要的突破口。

据媒体报道，美国阿贡国家实验室能源存储联合中心正在开发下一代电池技术，它比现在的电池强大5倍，成本却只有现在的五分之一。

在新能源汽车领域的储能应用包括充电桩建设、V2G（汽车到电网）以及动力电池的梯次利用等。

如今，在政策、技术、市场的多重推动下，新能源汽车发展加速，2016 年时主流纯电动汽车续航还不到 300 公里，如今已经纷纷开始进军 500 公里的大关，甚至部分车型续航已达800 公里。

随着全球各国对环境问题日趋重视，低碳和绿色出行成为趋势，人们有理由相信，未来的能源结构肯定是多元化的，传统能源不可能一夜之间退出市场，因此多种能源形态将在较长一段时间内并存。

当前，以风、光、水为主要能量来源的新能源是离散分布的，越来越先进的储能技术将把分布生产的能源大规模聚集储存，如此一来，即便能源生产方式是多元甚至离散的，但能源的使用依然是集中式和高密度的。

新能源汽车正在颠覆出行革命，当中的机遇和挑战并存。对于行业而言，国内外技术储备较为雄厚的车企、电池制造商都在紧锣密鼓地展开布局，以期能够迅速在这个新兴市场中站稳脚跟。

人类历史上曾经有过很多大师，但是到当代，基本没有大师了，这不是当代人缺乏知识，而是今天已经没有信息垄断者了，改变这件事的，是硅。纸作为存储介质的时代，信息存储量少，传播速度慢，一般人很难获得大量信息，这才有了学富五车的大师。而硅的出现，让信息大规模存储成为现实，带来的结果是，这个时代已经无人能够成为信息垄断者，所以大师稀缺。

人类要解决的下一个问题就是能源的大规模存储。风能、太阳能、水能、潮汐能等，这些能源可谓取之不竭，但一个最大的问题就是无法进行大规模存储，导致大量的能源只能白白流失。今天的锂聚合物电池是最为强大的电池，但是它的密度不够，存储的电能需要占用庞大的体积。要解决能源的大规模存储，根本的突破是新材料。石墨烯这样的新材料让高导热、高导电、高透明变得不再是问题，可以让充电速度极大提升，解决了能源的传输速度问题。但人类要找到一种具有高能量密度，同时也有较好的稳定性和安全性的新材料，还存在相当的难度。如果人类在这个领域实现突破，对整个世界的改变将是巨大的，甚至可能改写全球财富结构和政治格局。

真正的汽车共享

当下，共享经济十分火爆，共享单车、共享汽车、共享雨伞、共享充电宝等已经在国内大中城市随处看见，成为我们日常生活的一部分。说到共享经济，这个术语最早由美国得克萨斯州立大学社会学教授马科斯·费尔逊（Marcus Felson）和伊利诺伊大学社会学教授琼·斯潘思（Joe L. Spaeth）于 1978 年在发表的论文中提出。此外，共享经济还有一个由共享经济鼻祖罗宾·蔡斯提出来的公式：共享经济＝产能过剩＋共享平台＋人人参与。

通俗地讲，共享经济就是利用别人暂时不用的、闲置的资源加上人人参与。

在出行领域，除了自动驾驶，共享汽车也为人们津津乐道。共享出行将成为未来移动出行的另一大方向。

据统计，大多数私家车九成时间都处于闲置状态。优步和滴滴先后崛起，让闲置的私家车得以为缓解交通拥堵和解决环境污染发挥巨大作用，而当 24 小时不停歇的自动驾驶和 5G 技术叠加其上时，这种作用会被成倍放大。

传统的叫车服务和租车服务，一定程度上改变了我们与汽车的关系，相当于去一个地方不必非要开自己的车。自 2010 年优步成立以来，目前其业务已扩展至全球 77 个国家和地区的 600 多个城市，每天提供千万人次的出行服务，给社会和大众带来的影响显而易见。

进入 2018 年，火药味十足的话题便是美团成功上线，美团打车入驻上海，抢占滴滴市场份额，3 天内取得 70 万的订单量；同时，高德地图在 3 月 27 日宣布推出顺风车业务（2018 年 8 月 26 日，高德地图已下线该业务）。从滴滴、美团、高德的举动不难看出，出行领域的独角兽们认准了共享出行这块大蛋糕。

此外，汽车分时租赁的发展势头也比较迅猛。这种模式在欧美国家已经有超过十年的运营时间。2013 年，上海也开始推广分时租赁汽车。

可以预见，在出行领域，5G 正式商用之后，专车、出租车、租车和分时租赁等多种服务将与自动驾驶技术充分融合，为民众提供更加安全高效的出行服务方式，共享汽车的内涵会更加丰富。

可以预见的是，这种共享汽车会出现如下场景：用户在智能终端寻找车辆，点击我要上车，输入上车地点，然后汽车自动从停车位驶出，来到用户所在的位置。用户上车后，汽车自动匹配相关路线，智能决策，驶向目的地。到达目的地后，用户只需点击我要泊车，汽车就会自动驶入泊车位，等待下一位用户的光临。

未来，人们还要不要买车，私家车会不会被共享汽车完全取代，要看这些共享新模式能在多大程度上满足人们的出行需求，而这一切只能由时间和市场来检验。

值得一提的是，无论是新能源汽车逐渐取代燃油车，还是共享出行取代私家车，汽车行业的进化正在发生。而智能交通的快速发展，将为人类带来全新的出行体验，"自动驾驶＋共享汽车"才是真正的汽车共享。

5G 网络广泛覆盖后，人类将进入智能交通的时代，很大可能是所有车都成为共享汽车，占有汽车的人只是少数有特殊需要的人群，对于普通人而言，需要车时，智能交通系统就可以派一辆车来接你，你只需要支付服务费用即可。这些车不需要人来驾驶，成本也很低。因为智能交通体系的支撑，这些车不会拥堵，使用效率高，安全性可靠。

因此，今天的打车应用，一定程度上在为未来的服务模式提供尝试，只是这些车今天还是由人来驾驶，成本还较高。

医疗健康

很长时间以来，人们对于医疗健康，更为关注的是智能设备被用于医疗，包括远程诊断、远程治疗，甚至远程手术。当然，这对解决医疗不平衡问题会有较大的作用。医疗健康领域另一个全新的机会是智能健康管理，通过智能化的管理能力，实现人的生理协调、心理平衡、饮食均衡、运动适应、环境清洁。这种健康管理是通过智能感应能力，把大数据、人工智能的能力整合起来，对人的生活方式进行管理，帮助人们形成良好的生活方式和习惯。

从长远来看，智能健康管理的效果可能比远程医疗更实在。

健康信息被实时采集

5G 时代，通过万物互联，人的身体一旦出现问题，就能被自己或医院事先感知，然后对异常问题进行针对性的治疗和控制。如此一来，就能很大程度上避免出现去医院检查时才被告知患有××症晚期的情况。

其实在 5G 商用之前，医疗界已经制造出一些采集人体健康信息的仪器。

一开始主要是基于蓝牙和 GPRS 系统的医疗仪器。例如病人携带的轻便腕式血压计，这种血压计可以一天 24 小时监测病人的体温、血压和心跳等信息，并将采集到的信息通过蓝牙技术发射到手机或者是有无线通信功能的设备上，再利用 GPRS 技术，将这些信息发送到监控中心的电脑上，然后电脑根据这些信息进行分析，并根据分析结果采取相应的对策。如果数据正常，监控中心的电脑将不做处理，而只是保存信息，以为日后做信息比较时采用。如果数据出现异常，监控中心的电脑则会快速做出反应，例如启动报警系统等。

随着互联网的发展，不少新型的智能医疗仪器开始出现，所基于的技术也转向了更高级的物联网和云计算。例如通过射频仪器等终端设备在患者家中进行体征信息的实时监控。通过物联网，可以实现医院对病人的实时诊断和健康提醒，达到有效减少和控制疾病发生和发展的目的。

随着 5G 时代的来临，健康信息的采集功能变得更加方便和实用。美国哈斯商学院的一份报告中指出："最能体现 5G 在医疗领域影响力的是'医疗个性化'。物联网设备可以通过不断收集患者的特定数据，快速处理、分析和返回信息，并向患者推荐适合的治疗方案，这将使得患者拥有更多的自主管理能力。"

5G 的快速处理能力，可以更好地支持各种连续监测和感官处理装置，患者可以持续地被监测，持续地被告知医疗数据，预防性护理普遍成为可能。

智能终端信息采集模块可以完成人体健康关键参数的采集，例如气道、呼吸气流、血压、心跳、脉搏等信息，还具有智能分析的功能，可以在线分析病情，且通过无线网络与一定的信息处理平台关联，能够完成人体的健康信息感知。

我们可以想象一下，一个人在家中只要佩戴上医疗传感器，他的生命体征就能被实时地传递出来，医院、医生、本人都可以第一时间掌握，从而动态地制定出医疗计划，人体的医疗健康水平就比之前前进了一大步。

这种情况正在发生。2017 年，一款医疗物联网产品在 Qualcomm Tricorder XPrize 医疗设备竞赛中获得大奖，这款产品能诊断和解读 13 种健康状况。它的数据采集器是一个能放置于手中的传感器，人们在家中就可以轻松地了解自己的健康状况。

高通生命公司（Qualcomm Life，Inc.）也曾落地了一个基于 5G 的医疗物联网平台 2net，该平台通过生物识别传感器来获知人体的各种数据，这些数据可以无缝地被传送到云端，以便与其他程序或门户进行集成，达到随时随地持续监控的效果。2net 目前反响良好，不仅舒适好用，而且价格也很实惠。

当然，这只是一个开始。5G 时代对于健康信息的采集还要方便宽广得多。在医疗健康领域，时间的及时性和资料的全面性十分重要，5G 网络能够提供的就是更多更全的健康数据的实时传输。医疗物联网（IoMT）生态系统的设备和传感器能帮助人们在采集所有能得到的健康信息之后，实现个性化的健康治疗计划。不只是患者，健康的人也可以利用这个设备来监测自己的饮食和健身情况，实时预警，适时调整自己的状态。

多维度健康模型建立

随着生活水平的提高，人们对健康的追求出现了新的变化。如今，人们需要的不仅是身体的健康，还包括心理的健康和精神的安宁。健康管理不再只是针对单一的疾病进行治疗，而是演变成对人的整个生命周期的健康进行管理的过程。

5G 的到来使得医疗物联网生态系统成为可能。这个生态系统从大的方面来讲，至少可包含数十亿个能耗低、比特率也低的医疗健康监测设备、临时可穿戴设备和远程传感器。

医生或健康管理人员依据这些仪器实时提供的生命体征、身体活动等数据，就能够有效地管理和调整患者的治疗方案。这些数据也可以用来进行预测分析，使得医生或健康管理人员可以快速检测出普通人的健康模式，从而让诊断变得更加准确。

在医疗物联网生态系统中，最大的变化来自医院。传统的诊疗医生可能会变成一个数据专家，传统的医院则会变成一个数据中心，这对于医疗服务业来讲是革命性的变革。医院可以从共享的数据库中获取病人的大数据，用机器算法进行处理，系统自动进行分析和评估，给医生提供合理的建议。医生不用再去研究那些繁复的病例，就能制定出最合理的治疗方案。

eMBB 作为 5G 的三大应用场景之一，超高速的网络体验可以支持个性化的医疗应用程序且提供身临其境的体验，虚拟现实（VR）和在线视频可以广泛地运用于医疗健康之中。也就是说，病人身体出现异常，可以不用去医院接受诊断，仅在家中就可以实施远程的虚拟护理。

这种服务可以很好地打破医生和病人之间的时间和空间障碍，医生只需戴上 VR 头盔或者眼镜，就可以通过 3D/UHD 视频远程呈现或 UHD 视频流来对病人进行远程诊疗，让这些病人能够及时得到护理。正如专家所言："通过先进的监控技术，

5G 无疑将提高医生与病人保持联系的能力，无论是在救护车外还是患者家中。"因为 5G 的低时延，医生甚至可以在上千公里之外利用机器人对病人实施手术。

下面就是一个现实的例子。法国一家位于偏远岛屿上的医院，通过远程 B 超机器人就能为这个偏远地区的病人提供远程 B 超诊断服务，并且实时连接大陆医生和临床医师进行咨询，从而降低了就医成本。这种 B 超机器人已经到了可以商用的地步，它是力反馈功能和"触觉互联网"应用的典型例子，力反馈功能可以让远程操作变得更精确，其信号要求 10 毫秒的端到端时延，而这在 5G 环境下是完全没有问题的。

如果病人出现严重情况，5G 的新型无线电统一接口能够确保这样的关键传输优于其他传输，让病人得到及时的治疗。举例来说，一个心脏病突发患者佩戴的 5G IoMT 传感器就可以将自己遇险的信号和生命体征，在比别的传输信息更优先的情况下传输给附近的医院，从而确保自己能够得到及时的治疗。

IoMT 同时还提供强大的安全解决方案，例如无缝安全共享医疗健康数据，可以确保病人的隐私数据不被曝光或是存在其他安全风险。

另外，5G 还会导致分级诊疗等医疗资源的下沉。具体来说，就是在一些偏远的地方，因为有了 5G 网络覆盖，上网会变得更为流畅，以前先进医疗设施辐射不到的乡镇医院，通过

5G 与大城市的医疗机构连接，形成一张生命网，从而得到技术上的赋能与支持。

可以想象的是，无论是医院治疗还是家庭护理，5G 都会起到关键性的作用，由此建立起来的多维度健康模型，也将惠及大多数人。

建立起更健康的生活方式

如果将疾病的病因往前推一点，我们就可以发现，疾病的来源多是不良的生活方式。

有调查显示，我国每 10 个人中就有一个是慢性病患者，仅糖尿病患者就高达近 2 亿人，而且以每年 2 000 万人的速度递增。此外，高血压、心脑血管疾病、恶性肿瘤、慢性阻塞性肺病也屡见不鲜，甚至我国每年有 2 000 多万人死于慢性病，其严重性由此可见一斑。

令人尴尬的是，这些慢性病有七成是人们自己造成的，罪魁祸首就是不良生活方式。有统计表明，在影响健康的几大要素中，生活方式占到了 82%（含社会与自然环境），遗传占10%，医疗占 8%，由此可见生活方式对于防治慢性病的重要性。

人类迫切需要一种健康的生活方式，来引导我们达到未病先治的状态。因为和别的消费品不同，健康是每个人的"刚需"，随着生活质量的提升，人们对于健康的关注度也在不断升级。

5G 时代的健康追踪体系可以满足人类的这种需求。

现在人类大量用到的健康追踪工具还只是在一些应用层面，例如 Ginger. io。它是一个为病人提供早期疾病预警的工具，可以收集人体的一些数据，然后自动检测人体是不是生病了，如果是，它会发出警告，提醒人们人体可能会生哪种疾病。这款应用对于患有孤独症和痴呆症的老年人非常有用，因为这种疾病不易觉察，而且有的人患有该病也不一定会告诉家人，但这款应用能提醒你。

类似这样的应用还有很多，不过暂时还只是进行非常初级的健康追踪，并没有做出更超前的追踪，即对生活方式的追踪。

5G 万物互联的特性，可以让贴身设备随时接入互联网。云端应用可以涵盖生活方式的方方面面，例如适当的运动量、良好的饮食结构、适当的饮水量……当用户的生活数据被实时传送到云端后，再由云端为用户提供建议。

在 3G 或 4G 时代，这是一个非常麻烦的过程，因为健康追踪设备要把数据存储在终端，随后利用手机或是 Wi-Fi 把数据集中传输出去。由于使用比较麻烦，体验感较差，普及推广也就成为一大难题。5G 时代，随身设备可随时随地接入信息、低功耗、直接与云端相连，健康领域拥有更为广阔的想象空间。

或许，在 5G 大规模商用以后，水杯、厨具、腕表等设备都可以成为建立健康生活方式的一部分，随时随地为我们的生活方式提供指导，将疾病之因消除。

智能家居

人们一直以来都梦想着让家居更加方便好用、和蔼可亲，充满人性化，实现"智能家居"。事实上，目前的物联网技术，已经能够将家中的音视频、照明、窗帘、空调、安防、数字影院等设备连接到一起，并提供各种控制功能。不过，很显然，目前的技术仍处于初级阶段，远未达到人类要求的极致。

智能家居的概念已经提出 20 年了，但是在很长一段时间内发展得并不好，其中的核心原因是通信能力没有被加入到智能家居中。这些家居产品的智能控制过于简单，控制能力较差，还无法真正形成智能化系统。在这种情况下，大部分智能家居产品功能单一，体验较差。随着 5G 时代的到来，NB-IoT 和 eMTC 技术会被广泛应用于智能家居中，智能家居将迎来巨大的机会。

环境感知成为现实

1984 年，美国联合科技公司在对康涅狄格州哈特佛市的一栋旧式大楼进行改造时，首次采用计算机系统对大楼的照明、电梯、空调等设备进行了监测和控制，并对大楼提供诸如语音通信、电子邮件和情报资料等一系列信息化服务。

这是建筑设备信息化的首次应用。以前那种游离于信息主体之外，仅靠人为手动或传话控制的建筑载体似乎一定程度地活了起来，变得不再那么效率低下和死板僵化。

在建筑界，这是智能化的开端，这栋旧大楼也有幸被人们称为世界首栋"智能型建筑"。虽然只是一栋旧楼，但代表着一个新趋势的开始。

也就是从那时起，"智能家居"概念被广泛提及，人们将其定义为："将家庭中各种与信息相关的通信设备、家用电器和家庭保安装置通过家庭总线技术（HBS）连接到一个家庭智能化系统上进行集中的或异地的监视、控制和家庭事务性管理，并保持这些家庭设施与住宅环境的和谐与协调。"

智能家居颠覆了人们对家居的认知。在智能家居之中，信息互动无处不在，我们不需要人为地控制，建筑本身就能为我们完成一切，人、物和环境都只是这个智能网络中的一环。

智能家居想要达到的是信息的自动捕捉和调节，随着 5G 时代的到来，这一切正变得愈发简单。在 3G 或 4G 时代，人们对智能家居的控制主要依赖于手机远程遥控，而 5G 时代，人们更加注重智能设备的"自我感知"。也就是说，智能家居将不再是被动地接受用户的控制，而是主动地去"感知"环境，并做出相应的反应。

家居环境包含很多参数，例如室内的空气湿度、温度、质量以及光照强度、声音强度等。这些都是现代人非常看重的，毕竟现在城市的空气质量越来越不尽如人意，雾霾、沙尘暴的出现也让人们迫切地需要一个能够智能调节的家居系统。而 5G 智能家居能感知这些环境参数，并对这些参数进行分析，然后自动地联动相关设备。与之前的智能设备最大的区别，就是这些设备不需要人类去指导或遥控，一切都是主动进行的。

比如，中国柒贰零健康科技公司就是从环境感知切入，开发出世界上集成度最高的环境监测器，可以监测温度、湿度、噪声、甲醛、TVOC、PM2.5、PM10、二氧化碳等数据，通过 Wi-Fi、NB-IoT 等多种通信能力，把数据传送到网络上，通过智能云平台进行分析，对家庭中的空气净化器、新风机、抽油烟机等设备进行控制，进而实现环境感知和对空气质量的智能管理。

华为公司的智能家居平台，通过 HiLink 协议，把各种智能家居产品连接起来，照明、清洁、节能、环境、安防、健康、厨电、影音、卫浴等各类设备都通过 HiLink 协议逐渐打通，实现互操作，形成一个智能的服务体系。

随着 5G 的到来，智能家居将迎来爆发，这个领域的大量设备已经拥有智能化的基础，只是需要一个低功耗的通信能力加入，就能在很大程度上改变产业格局。

安全防护更可靠

智能家居的基础是物联网，而物联网的一大优势，就是能将我们原先认为是"高大上"的企业级应用融入家庭住宅之中，比如安全防护系统，能最大限度地消除家庭安全中的各种隐患。

传统意义上，智能家居的安全防护系统是一个集传感技术、无线电控制技术、模糊控制技术等多种技术为一体的综合应用。

3G及4G时代，常见的家居安全防护系统多采用如下形式：用户在家中安装摄像头，并设定智能控制程序。在这个智能控制的基础上，用户可以随时随地通过手机或平板电脑监控家里的情况。如遇突发情况，用户发出相应指令，屋内的智能终端接收指令后，迅速采取措施，控制险情。另外，窗户传感器、智能门铃和烟雾传感器等，都是家庭安全防护系统的一部分，这些系统本身内设一些极限值或带有摄像头，遇有危险情况时发出警报，由人为手动或自动关闭相应终端。

这些安全防护系统一定程度上保证了家的安全，改善了人们的家居生活，但也存在一些问题。比如，如果敏感数据被盗，就可能导致个人隐私泄露，或者是智能家居被非法入侵。知名智能家居厂商贝尔金的产品，就曾因为签名漏洞使其旗下的几款产品都遭遇了黑客入侵，儿童监视器最终演变成了黑客的窃听器。另外，传统网络本身安全防护的不足也使一些安全系统存在安全漏洞，原有的安全防护恰恰成了不安全的环节，这实际上是用户最为担心的问题。

但在 5G 时代，情况会完全改变。5G 的超高速传输极大地方便了信息的检测和管理，如此一来，智能家居各部件之间的"感知"更精准和迅速，智慧化程度也会大大提高。

现在市面上各智能家居制造商都专注于连接自己的产品，为了凸显自身亮点，纷纷制造一些竞争者没有的产品，行业并无标准。而 5G 通过官方牵头制定国际标准，会打破各厂商自订标准的局面。如此一来，智能家居整个系统就会更为稳定，更重要的是它本身就是一个封闭的系统，受到黑客攻击的可能性将大大降低。

作为考验智能家居的重要标准之一，安全防护已经得到高度重视，相关厂家也在不遗余力地开发更先进的产品。如今，澳大利亚的某些智能家居，系统内就内置了数量众多且灵敏度极强的传感器，即使是居室外飞过一只小虫，系统都可以轻易地探测出来，并做出应对。

5G 全面商用以后给智能家居安全防护带来的变化，我们可以从室内与室外两个维度来说明。

在室内，用户走到哪里，智能家居都能精准有效地感知，例如用户离开以后，室内的灯光自动熄灭；家中的孩子爬到了飘窗或阳台上，系统能够自动地关闭窗户，防止孩子从高处坠落。

在室外，住户离家或是熟睡时，安全防护系统就会自动开启，如遇入侵者，系统会自动发出警报，阻止入侵者有下一步的行动，减少家庭的财物损失。

也就是说，5G 时代的智能家居，系统可以轻松实现对所有安全问题的控制。安全防护系统对家中可能出现的险情进行等级布防，以高速的信息传输为依托，利用准确的逻辑判断，险情发生以后，系统会自动确认报警的信息，出现险情的位置和状态，发出相应的指令，必要时强制占线。此外，5G 商用之后，监控设备的分辨率达到 8K，用户能够轻松获取更高清的画面、更丰富的视频细节，视频监控分析价值也会更高，这些无疑都是为安全防护加码的必备措施。

上述这些功能不仅包括安防状态，也包括设备本身的状态，目的就是将所有可能出现的险情消弭于无形，实现住宅的安全无忧。

智能化融入日常生活

前世界首富比尔·盖茨曾在《未来之路》一书中用了很大篇幅来介绍他正在华盛顿湖畔建造的一所豪宅。

这本书 1995 年出版，而两年之后的 1997 年，这所豪宅就已正式竣工。从整体上看，豪宅占地约 6 600 平方米，临山近水，有着浓郁的"西北太平洋岸别墅"风格。据说，豪宅整体造价 9 700 万美元，绝非普通人敢想。

最主要的是这所豪宅称得上是一所真正的"智能豪宅"。按比尔·盖茨自己的说法："这是一所由硅片和软件建成的，并且不断采纳前沿的尖端技术的'房子'。"豪宅完全按照智能家居的概念打造，不但有高速上网的专线，所有的门窗、灯具、电器都能通过计算机控制，而且有一个高性能的服务器作为系统的管理后台。

我们来看一看盖茨在这个豪宅中所能享受到的便利之处。

因为屋内配备了先进的声控和指纹技术，他进门并不需要启用钥匙，系统会根据他的声音和指纹来识别。如果是炎热的夏天，盖茨想要一进门就享受到空调的凉爽，他可以事先拿起手机接通家中的中央电脑，利用数字按键来和中央电脑沟通，启动遥控设备，开启空调，甚至事先做一些简单的烹饪，调节浴缸中水的温度等等。

如果有访客，在访客进门时，就会领到一个内置芯片的胸针，胸针中有访客的偏好信息，屋内的所有设备都可以根据胸针中所包含的信息来进行对接处理。访客进入房间以后，房间的空调自动调至客人喜欢的温度，屋内的扬声器也会自动播放访客喜欢的旋律，墙壁上则会投放客人最喜爱的画作，处处给客人一种宾至如归的感觉。

盖茨的豪宅虽然大，但对细节的追求却达到极致。整栋建筑物的墙壁上看不到任何插座或开关，供电系统、传输光纤都藏于地下，作为主人需求和家中电脑的连接中介，实现盖茨和电脑的对话。家中的所有设备也都能够听得懂盖茨的语言指令。也就是说，盖茨豪宅的家居控制建立在一个典型的数字控制基础之上。

盖茨的豪宅算得上是"智能家居"的一个经典之作，科技界大佬总有超出常人的眼光和设计，家居也不例外。这栋 1997 年落成的豪宅仍在不断改进之中。但不可否认的是，它前瞻性地实现了 5G 智能家居的部分功能，那就是尽量让生活的一切都变得智能化。

如果说之前的这种智能家居设想只可能建立在大佬大把的钱财之上，那么在 5G 时代，智能家居却可能成为很多普通家庭都可以拥有的现实。

随着信息时代的高速革命，以前的一些限制条件被快速打破。例如盖茨豪宅中那长达 48 公里的光缆，现在能被一个 Wi-Fi 模块轻松替代。

对于需要不同设备进行互联的智能家居来说，5G 特有的低时延、快缓冲、低功耗连接的特性，使得众多家用设备接入系统之中成为了可能，而且它带来的还是一个大范围、全方位的配套进步，垂直细分领域和移动通信行业的合作也将变得越来越紧密，这对于智能家居需要的"互联互通"，意义重大。

可以确信的是，5G 时代智能家居能够上演的场景，就是上面提到的——生活的一切都变得智能化。

我们可以大胆地设想："早上，被子、床榻能以一种很自然的状态将住户唤醒；接下来开启窗帘和调节灯光，在进入卫生间时，自动调节好水温甚至马桶圈的温度；在外出回家之前空调就已经打开；回家后热水已经烧好，浴缸中的水调到了合适的温度，饭菜已煮好，想要浏览的新闻和资讯已经自动推送到了手机上。"智能家居就像是一个贴心的私人管家，无时无刻不在照顾着住户的生活起居。

5G 到来后，NB-IoT 和 eMTC 技术将被广泛采用，它为用户提供的服务将远远超出比尔·盖茨 20 年前对于智能家居的想象，服务能力会更为强大，大量噱头的东西会被淘汰，而安全、舒适、便捷、节能等四个方面会涌现大量的产品和服务，并被整合在几个智能家居的平台中。还有最为重要的一点，就是价格便宜，绝大部分普通用户都可以使用，而不只是富豪的专享。

被取代的不仅是体力劳动

2015 年，《纽约时报》记者尼克·比尔顿讲述了自己不愉快的智能家居体验：

尼克购买了一款智能恒温器 Nest，某一天睡前他将恒温器的温度设置成 21 摄氏度，然后安然入睡。但不幸的是，智能恒温器因一个软件 bug 导致电池被耗尽，无法发挥作用，室内的温度立马降到了 3 摄氏度。尼克的妻儿在睡梦中被冻醒，按尼克的说法就是："家里变成了'冰窖'。"

这款智能恒温器没有发挥应有的作用。假想一下，如果这款恒温器有一个能够替代人脑的"大脑"的话，也许就不会出现这样的情况。说到底，这种恒温器还算不上是一款真正的"智能"产品。

现在的智能家居，普遍的操作方式需要用户手动控制，即利用手机、平板电脑显示的信息，进行人脑处理，然后将人脑处理的结果由人手传输到手机或电脑上，家居设备接收指令，再进行相应的调控。

实际上，利用手机、平板电脑来控制的智能家居只能说是比较低级的智能。智能家居真正要实现的绝不只是单品的智能化，而是要实现不同产品间的智能联动，系统化操作。也就是说，智能家居要有超越智能之上的智慧，有一个真正能够替代"人脑"的"大脑"。

这个控制中枢可以看作智能家居的数据大脑，它和家中所有的设备互联，接收传感器感知到的人和物的所有信息，然后代替人脑思考，进行自主判断，并发出最为合适的指令，各设备接收指令后进行相关操作，使得各设备始终保持在用户最需要的状态。

智能家居仅仅能实现远程控制是不够的，它必须要有感知的能力，而且能够自主判断，协调联动，在正确的时间做正确的事，实现人、物和环境的有机协调。

带上"脑子"的智能家居才是一个 4S 的生态系统，即 Software（软）、Smarthardware（硬）、Supercloud（云）、Service（服务）四个方面，能够覆盖人们衣食住行的各个方面，提前做出预判。

我们现在能够看到的是，智能领域已经在三个主方向上有了重大进展，即机器学习、计算机视觉和自然语言处理，而这三个方向在 5G 时代都可以应用在智能家居领域，在家居中实现万物互联、中枢控制的场景，人跟家居设备的互动也会更快更准确。

智能家居能够取代的，已不仅仅是体力劳动，而是不需要人们采取任何操作，就能根据生活习惯和实际需要给人更加灵活有效的照顾，让生活变得更加方便美好。

电子商务与电子支付

4G 时代，电子商务和电子支付已经在人们的日常生活中扮演着重要角色。到了 5G 时代，随着更先进的科技不断出现，一切又将变得不一样，甚至一些应用的智能化程度，可能让我们难以想象。

扁平的销售体系

近年来，随着大数据、人工智能等新概念和新技术不断出现，商业营销的方式日趋多样化。传统的市场营销模式起源于 20世纪 60 年代的美国，著名营销学大师杰罗姆·麦卡锡（Jerome Macarthy）提出 4P 理论，即产品（product）、价格（price）、渠道（place）、促销（promotion）。该理论多年来一直是产品营销所遵循的法则，这其中涉及多层分销的情况：制造商生产出产品以后卖给批发商，批发商再分发给零售商，最后才是消费者。在电子商务出现之前，这种营销模式在市场上一度居于垄断地位，虽然商品琳琅满目，但这种多层分销体系的各个环节其实是割裂的：消费者对产品的认知途径与购买途径截然不同，购物效率并不高；而从生产商的角度来说，产品经研发、测试，准备上市时，需要先通过第三方途径（比如电视广告、灯箱广告、海报宣传）让大众知道该产品，再提供一套销售体系。生产商的销售方式一般是布点，进入各大超市、百货商场。这种销售方法至今仍在使用，但该方法存在一个明显的弊端：由于缺乏大数据反馈，生产商其实并不太清楚自己的用户群，所以只好不断布点，力求覆盖更多的区域，但并不总是能覆盖到。

国际快餐霸主肯德基就是一个典型。早期的肯德基快餐进驻中国以后，发展势头一度十分强劲，在电影《中国合伙人》中的出镜足以证明其在国内的受欢迎程度。但后来，由于选址缺乏详细调研，只考虑地段，忽略了地价，以及运营成本攀升和产品定价等问题，导致肯德基不得不关闭多家门店。2005年，肯德基被曝出"苏丹红事件"，轰动全国。该企业总部百胜集团积极采取危机公关，并通过广告、媒体宣传，成立检测中心等措施来平息事件的不利影响，然而，"苏丹红"至今仍是中国老百姓心中挥之不去的阴影。"苏丹红"事件，除了肯德基对食品原料监管不力外，很大程度上是供应商的问题，提供含有苏丹红成分的调料供货商混入了肯德基的供应链。在传统销售模式中，层级割裂的弊端暴露无遗，引发食品安全恐慌。而肯德基的应对策略也只能是单一的媒体宣传，不断播放电视以及其他形式的广告，耗费了大量的人力、物力、财力和时间。

事实上，由于传统销售模式的层级割裂问题，遭殃的不只是肯德基。

2014年，福喜食品安全事件再次震惊全国。作为肯德基和麦当劳的肉类供应商，上海福喜食品有限公司被曝使用劣质过期肉，通过一系列暗箱操作，使劣质食材流入肯德基、麦当劳、必胜客、德克士等9家企业。该事件对我国食品安全的影响十分恶劣，各大餐饮龙头也因此面临严重的信任危机。

传统销售体系的多层分销，没有大数据的支持，就像一个浑圆的柱体，里面有层层割裂的隔板，让许多环节处于半透明或者不透明状态，单是依靠商业上的道德诚信约束，隐患比比皆是。

类似的问题也反映在传统的零售行业中，虽然没有出现十分严重的安全问题，但主要体现在货物摆放上。

作为传统零售商的巨头，沃尔玛连锁超市的货品摆放十分讲究：按照货品的不同类别集中摆放在固定的位置，在卖场入口会摆放当季的畅销商品、打折商品、时下最流行的商品。但是，卖场入口的货物摆放需要依靠长期的经验累积才能做出比较精确的判断，不仅要了解消费者的消费习惯，还要考虑天气、季节、时段等因素。此外，判断商品与商品之间的关联性对于传统的零售行业来说并不是一件容易的事。沃尔玛根据经验，将方便早餐与手电筒这样的急需物品摆放在一起，销量可观，但这是长时间摸索的结果，生活在大数据时代的人们很难想象，沃尔玛从占领美国市场到它后来摸索出来的这套货品摆放方法，历时多年。在这个摸索的过程中，沃尔玛其实少了一大笔销售额，如果能早些采取这种摆放方法，这笔钱将提前进账。沃尔玛的做法其实也是对数据的一种应用，不过是传统意义上的。

进入 4G 时代，电子商务全面开花，电商行业中的领头羊采取了另一套销售方法，其中网上百货商店亚马逊成为沃尔玛的主要竞争对手。与沃尔玛的单向营销不同，亚马逊有三分之一的营业额来自向顾客主动推销，其成功秘诀就是对大数据的利用：完整记录下消费者的每一笔交易数据，根据分析，只需几个小时就能发现早餐与紧急用品的搭配推荐，并且所有这些数据都进行了完整的存放，这比起传统销售数据的零散分布有着很大优势。亚马逊不仅能做到商品之间的关联推销，还能根据顾客的购买记录和送货情况推断出顾客的收入水平、家庭人口数量，进而有针对性地为顾客推荐产品。依靠智能物联和大数据的有效应用，2015 年 7 月，亚马逊的市值超过了沃尔玛。

不难发现，电子商务的蓬勃发展使物流网络迅速建立和扩张，用户在虚拟的网络空间就能看到产品并购买。通过网络和物流，现代的销售模式打破了传统的割裂局面，顾客从对商品的认知到最终获得商品的这条路径被电商打通，销售体系开始走向扁平化。

5G 时代到来之前，电商的发展依然存在瓶颈：由于基站的布点还无法实现全面覆盖，线下渗透相对有限，电商还不能做到各个地方的布点，物流配送还暂且无法全面覆盖，尤其是在偏远、交通不便的区域。

5G 时代，基站和移动通信的发展将迎来大爆发，网络布点将呈高密度之势，覆盖更加偏僻的地方，物流网络也将突破目前向下渗透所遇到的困境，配送方式也会变得多样化。到智能交通发达之时，无人机有望脱颖而出，为偏远地区进行物流派送，实现配送的全面覆盖。商品的销售渠道将突破时间、距离的各种限制，迎来可见即可得、无须层层分销的局面。这样的销售模式也不再是传统的中心化管控，新的销售体系将实现扁平化。

扁平化的销售模式在本质上并没有颠覆商务活动，但却突破了传统销售的方式。

所有的产品都是销售渠道

所谓销售渠道，就是商品从生产出来到最终被消费者买下这个过程中所经历的各个环节，这些环节连起来就是整个产品的销售渠道。

传统的销售渠道包括许多环节。生产商制造出商品以后，一般来说，需要经过批发商、零售商、代理商、交易市场等环节，最终才到达消费者手里。在这个漫长又烦琐的过程中，各环节必然都要攫取利润。虽然商品最终能够到达顾客手中，但耗时较长、效率低下、价格攀升。在传统销售渠道中，产品是产品，销售渠道是渠道，二者是不同的概念。

销售环节长、价格暴利的商品市面上比比皆是。举一个绝大多数人都会算的例子。一袋 65 克的薯片，市场价 6 元人民币，以市面上一斤土豆 2 元计算，6 元钱可以买下 3 斤土豆，即使算上加工的成本，亦可见其暴利程度。当然，零食的利润空间与化妆品相比，真是小巫见大巫。进口化妆品的渠道除了要经过基本的生产商、零售商、运输商等，还要通过海关、进口税等烦琐的环节，最后到顾客手上时，价格不知翻了多少倍。

再以咖啡馆为例。一杯咖啡的成本只需 2～3 元，但到了顾客手中却高达 30～40 元，其中产生的各种服务费名目繁多：店面租金、水电费、店员薪水、咖啡豆和其他原材料的各种烘焙成本、运输成本等。对运营商来说，耗费了许多不必要的人力成本和实体店运营成本；对消费者来说，自己付出了更多的钱。同样的情况也发生在培训市场：一节一对一的英语课程收费高达 600 元/小时，其实学生支付的不仅仅是课时费，还包括所报课程机构的广告宣传费、教材研发费、人工费（老师课时费、学管和销售的提成）、场地费等。产品在到达顾客手中之前所产生的一系列费用，最终都由消费者买单。而对运营商来说，由于存在各个烦琐的环节，很难降低定价，否则就会亏本。

价格居高不下是传统渠道所带来的一系列问题之一。对于产品商而言，效率也不高，传统的销售渠道在媒体宣传这一环节就耗费大量成本。即便是服务行业，产品的销售渠道同样对运营商和顾客造成一定的困扰。

不过，随着电商兴起，传统销售模式受到很大的冲击，其中各个网店和微商起的作用较大。不可否认，传统的营销渠道依然十分重要，因为电商所承载的网络交易背后，依然有产品的研发、运输、人力和销售。当下，电商与传统销售渠道通过有机结合，能够大大降低成本，提高效率，进而降低产品价格。还是以咖啡为例。如果运营商以网店的形式售卖咖啡，省去了店租、店员成本，传统渠道部分环节的成本依然存在，但只要有原材料和外送合作商家，就可以完成销售，定价也可适当降低。但这种方式也有局限，因为原材料的采购必须达到一定的规模才会批量降低成本。

电商的营销模式，除了降低成本以外，也大大提高了消费者的交易效率，消费者只需在网络上就能完成浏览、下单、支付等操作，能省下很多时间。不仅如此，在网购平台上出现的智能推送，也可以拓展产品的售卖渠道，打通物-物销售的通道。如果顾客想要买一条裙子，搜到心仪的产品后，会看到个性化的智能推送：裙子的其他服饰搭配。如果消费者有意购买全套穿搭，即使其他穿搭来自不同的品牌或者店面，也完全不必再去逛其他品牌的店面，只需一键下单便可购买下整套衣物。

例如，在亚马逊购物网站上，我们可以看到 Kindle 电子阅读器的推销。点进产品页面以后，就可以看到下方的配套产品：不同的 Kindle 型号，阅读器保护膜、保护套等。点击其中任意一项，又会看到更多的延伸产品：手机壳、钢化膜、手机、笔记本电脑等。对于家中有宠物猫的用户来说，你可能想购买一袋猫粮，进入到猫粮产品页面以后，你还会看到猫砂、猫砂盆、猫窝、猫爬架、猫抓板等配套产品。而所有这些延伸产品，很多都是不同的品牌、不同的供货商，但这些都无须通过传统的销售模式让消费者了解，更无须亲自跑遍所有实体店，只需一键下单。

所以，在物联网时代的销售体系下，产品不再是孤立的，所有产品都与其他类似产品产生联系，产品本身就是销售渠道。

照此发展下去，5G 时代的电子商务，甚至会出现另一种情况：供应端也不再中心化。我们所需要的产品，不一定全都依靠大型生产商制造，许多个人就可以利用自己的特长来进行个性化产品定制，比如翻译、写作甚至打游戏通关，这些都可以成为服务型产品，为客户量身定制。最终我们的需求会越来越个性化，而供应端会越来越去中心化，所有的产品都是销售渠道，因为产品本身已经携带生产和流转信息，用户可以直接定制化下单。除此之外，以后供应商的推销平台甚至也会发生转移：由购物网站转化成消费者个人。

所有消费者都是推销员

传统的营销主要以市场调研为基础，要么是销售员与客户面对面接洽，要么是以媒体广告等形式进行推广，用高质量的产品和服务来形成较为稳定的合作。也有许多一次性销售的服务，比如打车、餐饮等。到了电商时代，客户主要通过电商平台接受产品信息，比如前面提到的配套产品和延伸产品的推荐页面。电商的出现引发了一场购物方式的革命，网购已经走进千家万户。然而，电商行业还依然存在很多有待完善的问题。

在电商行业蓬勃发展的当下，消费者通过电商平台浏览商品并下单。我们在网页上看到的产品图片和视频是与真实情况割裂开的资料，而真实的商品在库房或卖家那里，因此，用户在网上看到商品，其实并不是真正看到了它。这相当于卖家秀和买家秀一样，虚拟和现实产生了割裂，所以才会屡屡爆出卖家秀和买家秀之间差异巨大的新闻。从衣饰到外卖食物，从电影书籍到服务型体验，电商平台上的商品可谓无所不有。虽然在发达的互联网时代，信息互通和共享让我们可以看到各个买家对商品的评论，但由于"水军"的存在，我们对商品依然难分真假。

无论是商家主动推销还是平台智能推送，都存在一定问题。小到卖家秀和买家秀的差异，大到假货满天飞，扰乱社会经济秩序。

家住成都的万女士，长期在某电商平台购买衣物，一直没有遇到过什么问题，于是放下心来，在该网站茶叶促销专场购买了一片熟普。不料，将茶叶洗过两三遍以后，茶汤依然浑浊，万女士试喝一杯后，口感苦涩粗糙，当晚胃痛难忍。万女士深感不妙，立刻前往医院就医，确诊为急性胃炎，食物中毒。万女士立刻拨打该网站客服，愤怒直言茶叶是假货，客服却坚称他们平台的商品都是 100％正品，一定是万女士第一次喝普洱，还未适应这个味道，事实上，万女士喝普洱已有多年。万女士强烈要求对方退货并索赔，无奈之下，该网站只好退款，但万女士的健康损失和医疗费用不了了之。据了解，该网站高调兴起以后，请来明星做代言人，并保证所有商品都是 100％正品，但后来却假货曝光不断，涉及食品、家纺、电器、化妆品，口碑也越来越差。与其他电商平台不同的是，这个网站早期的每款商品都没有设置用户评论的功能，所以消费者只好被动接受产品的广告。

近年来，央视陆续曝光各大电商平台售卖假冒伪劣产品，多家药品网站遭到曝光，主要电商平台几乎无一幸免。此外，还有各种海淘网被央视曝光伪造快递单，生产假冒商品，电商平台的监管和市场管理迫在眉睫。现实生活中，消费者辨识商品的真假大多都依靠使用经验，买到假货后投诉大多无果。

　　虚拟与现实结合的电商，有时会给消费者带来损失，给各大电商平台带来隐患，也让卖正品的个体网店商家受到牵连。由于虚拟的商品与现实的商品不符，假货横行，加上没有系统完善的管理和监控，引起公众对网购的不信任。部分销售正品的商家，在顾客不信任和假货的双重冲击下，也只好关门歇业。目前，电商依然火爆，但要想让网购市场进入良性发展的轨道，依然有很长的一段路要走。

　　1997 年，美国电影《小鬼当家》系列推出第三部，票房大卖。与前两部不同的是，第三部加入许多观众从未见过的特技和高科技，敌人也从之前的搞笑二人组变为四人国际大盗，其中有一幕是这样的：当盗匪发现芯片调包的主人乘坐出租车离开以后，眼看拦截无望，其中一人便抬起手、握拳、关节微微一动，隐藏在手套里的摄像头便拍下高清晰车牌号，令观众叹为观止。在互联网还没有普及的年代，这种大胆的创作确实让人脑洞大开。其中，直接对着看得见的事物进行电子扫描的场景，以后完全可以成为电商行业的革新方向。

　　5G 时代，将有高速度、泛在网、移动互联、万物相连的智能互联网。在这样的大环境下，对于网络监管和支付交易平台必将提出更高的要求，在智能互联网的条件下，智能感应有望进入到成熟的发展阶段。有了高速发展的智能感应和物联网的支撑，虚拟与现实将不再是割裂的，而是融为一体，让消费者获得全新的体验：网上的商品能够直接对应到现实中使用的人。任何人携带的产品，我们都可以用智能终端直接扫描识别到该产品的品牌、型号、供货商。到了这样的发展阶段，人与物相连，所有的消费者就都是推销员，而消费者身上的产品就是销售渠道。我们无须再单向从电商平台和传统模式那里接受推销，消费者之间信息完全互通，彼此就是推销者。

当智能识别广泛应用于现实物品，电商无处不在时，电子支付也将迈入新的发展阶段。

电子支付渗透到任意一个角落

当电子商务逐步在市场上占有一席之地时，电子支付也随之兴起。

早期的电子支付，只局限于银行之间，通过计算机处理银行的业务，然后逐步发展到银行与其他单位通过计算机处理资金结算。4G 时代的电子支付已经突破了银行的限制，基于互联网与支付系统的整合，利用移动终端就可以实时支付和转账。在这个阶段，电商交易支付平台应运而生。支付类型也从早期的网上 PC 端支付，变成涵盖电话、移动终端、销售点终端、自动柜员机交易等多样、快捷和高效的支付方式。

最初的网上支付，需提供银行卡卡号、密码或安全码，甚至使用特殊的支付工具（比如银行的 U 盾）。虽然不用再专门去银行转账，但由于当时互联网尚不发达，网络支付频频出现一些状况，例如断网、信号不佳、支付失败等等。这样的状况如果不是出现在紧急情况下，大众通常会包容。然而，如果支付的款项十分紧急就容易误事。例如：全国日语等级考试报名历年来都十分火爆，由于报考名额限制，每次在报名通道开放之前，众多考生都是守在电脑旁，时间一到，立刻群拥挤进报名系统，填写报名表之后，需网上支付报名费。此时，很多考生如遇到突发情况，比如断网、信号不佳、支付填写出错等，导致在限定的时间内缴费失败，就不得不等待下一次考试。同样的情况也曾发生在雅思考试报名中。虽然雅思考试比日语考试有更多的场次和考位选择，但对于需要在限定时间前拿到成绩的学生而言，依然要抢考位，而雅思考试也要求网上支付，如果在支付的节骨眼上遇到类似的突发状况，很可能考生会错失这一次的考位，导致录取推迟，白白耽误一学期的时间。

到了 4G 时代，凭借强大的网络基站、智能终端和第三方支付平台，我国的电子支付（欧洲等地区依然流行现金支付）变得十分高效。正是凭借支付平台的便捷，老百姓出门无须携带现金和各种卡（储蓄卡、信用卡、智能卡等），只需一部智能手机便可解决支付问题，吃喝玩乐完全不在话下。

面对新的形势，一些机构在电商刚兴起时就嗅到了商机，出手快、准、狠，得以迅速抢占市场份额。

其中的佼佼者，当属支付宝。

2003 年 10 月，支付宝作为第三方交易平台正式服务于淘宝。定位为"简单、安全、快捷"的支付宝，为买家提供了一个中介平台：买家先把钱存进支付宝账户，待收到货品确认以后，支付宝才会把相应货款打给卖家。这种"第三担保交易模式"让广大淘宝消费者感到安全，支付宝也通过淘宝逐步积累了自己的客户源。

早期的支付宝没有太大的雄心，它的开发团队只希望该平台根植于淘宝，成为买家的电子钱包，作为一个交易枢纽建立起电商平台、买家和卖家之间的信任基础。可是一年以后，提倡"拥抱变化"的阿里巴巴管理层意识到，支付宝完全可以承担更多的角色，开始与所有电商平台达成合作。2004 年年底，支付宝分拆，支付宝网站上线，走上了向独立支付平台发展的康庄大道。

2005 年 1 月，以马云在达沃斯经济论坛上发表讲话为开端，中国电子商务进入到电子支付时代。凭借着淘宝积累的初始客户群体，以及互联网电子商务勃兴的大环境，支付宝以网游、机票、B2C 的外部市场为切入点，积极拓展用户，三年时间用户数量突破一亿。2008 年 10 月，支付宝进军公共缴费市场，拿下老百姓日常的水、电、气缴费业务，并且与亚马逊和京东这样的综合电商巨头、国内三大在线旅行网站（携程、芒果网、艺龙）达成合作。此时，支付宝在不到一年的时间里，用户数量翻了一倍。之后，支付宝迎来大发展：开发新功能例如余额宝、好友代付等；推出促销活动让利于用户（用支付宝购买产品，立刻减去一定的金额），迅速抢占市场；不断扩大合作面，积极与国内外各大行业进行支付合作，服务地区逐步扩大到欧洲、中东、东南亚、北美；涉及的领域小到乡村小卖部，大到海外高校留学缴费，连美国名校麻省理工学院、康奈尔大学，英国利兹大学、曼彻斯特大学等 300 多所高校都与支付宝达成合作。

4G 时代，移动支付已经表现出强大的威力，给众多用户带来前所未有的支付体验。在强大的移动网络支持下，智能终端具备移动支付的功能，免去了用户出门携带现金和卡包的苦恼。当下的扫码支付为电子支付带来了一次重大革新，将网络虚拟平台和银行账户打通。只要有移动网络的地方，就有电子支付的存在。在即将来临的 5G 时代，基站部署更加密集，范围急速扩大，移动支付将渗透到每一个角落。有了无处不在的网络，平台信息将实现最大化传播，在移动终端上甚至通过对产品的检索，我们就能找到对应的生产商，完全打破生产和消费的限制。

5G 时代，在智能物联网的覆盖下，智能学习所引发的新一轮革命势必会让电子支付的功能变得更为强大，而当前人们依靠扫描二维码的技术也必将经受新一轮的技术冲击。

感应将成为下一代支付技术

感应技术早已投入了一些产品的应用，很多年前，人们已经可以看到商场的自动感应门、自动感应水龙头，后来又有了感应垃圾桶、感应家居等。到了 4G 时代，智能终端席卷而来，与手机连接的智能感应产品也走进人们的视野，比如智能手环、体重秤等。这些产品与传统的自动感应门、自动感应水龙头最大的不同就是万物相连：自动感应门和自动感应水龙头的使用，不会存在数据的概念，也不会让大众将这些产品与自己关联起来；而智能手环和体重秤则不同，每一次的运动数据、消耗热量，各个时间段的运动时长都有详细的记录，通过与手机蓝牙连接储存在手机里，让用户可以随时看到自己的健康数据，从而将这些产品与自身行为产生关联，因而有了关注度。

感应技术的最直观体验，就是体感游戏。

当电子游戏历经了手柄、键盘这种二维虚拟平面空间以后，到了强大的互联网运营平台下，体感游戏顺势崛起，让人眼前一亮。2006 年，日本任天堂公司发布新一代游戏主机 Wii，首次将玩家的身体感应引入电视游戏主机，集键盘、手柄与身体动作于一身，让玩家们惊喜不已：除了传统的手柄、键盘，还可以直接用自己的身体来操控游戏中的人物，玩家身临其境之感极强。2011 年，微软和索尼分别推出自己的体感游戏产品，为了让玩家有更好的体验，游戏多以竞技、体育运动、健身为主，并且在互联网的支持下，加入其他玩家进行互动，顿时吸引了大家的眼球。但是，体感游戏的不可移动性、较高的价格、产生的额外费用（后期网络平台费、游戏软件购买费）、汉化不完善等缺陷，使此类游戏在国内普及度并不高。随后，掌机和智能手机陆续出现，配备附加体感设备，实现了体感游戏从固定到移动的变革，并且由于移动性，让玩家可以充分利用碎片时间。智能手机的蓝牙和 Wi-Fi，让设备有了进步的可能，也让电影《头号玩家》的场景有了实现的希望。

2017 年 12 月 15 日，美国电影《星球大战》系列第 8 部《最后的绝地武士》在美国上映，该系列让迪士尼赚得盆满钵满，衍生产品也层出不穷。同年 12 月 20 日，联想集团在国内正式推出 Mirage AR 智能头盔套装，该套装包括光剑控制器、增强现实头显和追踪信标。除了套装以外，玩家自己准备一部智能手机就可戴上头显进入到游戏世界。整个游戏中，智能感应技术占主导，可谓是《头号玩家》的低配版。虽然该产品目前反响不尽如人意，但我们看到了智能感应技术的一大进步。在未来 5G 时代，感应技术将日趋成熟，代替许多产品最初的使用方法，甚至颠覆我们以后的电子支付方式。

2017 年 3 月，支付宝再次推出新技术，其中一项就是感应支付，该功能目前已经运用于北京公交系统充值。虽然大城市的交通发达，但公交卡充值需到自动充值机或人工窗口去办理，常常出现排队和拥挤的情况。支付宝的感应充值功能，让人们无须再排队，只要将充值卡贴在手机背面，就可以使用支付宝充值。手机自带的感应功能一旦感应到充值卡，便自动识别卡上的信息，并在手机屏幕上弹出充值页面。用户点击一键充值以后，金额立刻入账到充值卡上，非常便捷。

感应技术带来的万物相连，在移动充值领域已经拉开序幕，未来人-物相连的支付场景也不再是幻想。

在电影《查理的天使》（也称《霹雳娇娃》）中，三位侦探为了顺利潜入红星公司密室，复制了该公司两位高管的眼角膜和指纹。两位侦探分别佩戴复制的指纹和眼角膜，同步进入识别系统，系统显示眼角膜识别错误。佩戴眼角膜的侦探临危不乱，此时镜头特写，这位侦探冷静仔细地调整眼睛里的角膜位置，最后识别成功。

指纹识别在 2000 年才开始用于个人身份鉴定，普通大众并未体验过这项技术，而眼角膜识别直到现在也不常见。一旦感应技术成为 5G 时代的支付技术，那么我们的身体部位完全有可能成为支付感应的载体，比如眼睛。

当下的移动支付技术，是通过手机扫描二维码来实现的。通过扫描二维码，技术端上对二维码进行识别、分析，对应相应的产品，然后用户完成支付。而电子支付的本质只和用户的消费意愿有关。到了 5G 时代，智能学习技术成熟，智能识别能力增强以后，识别产品的能力也会越发精确，甚至通过智能学习进行建模。我们的眼睛有望与虚拟相连，无须再通过移动终端，只需一眨眼，就能完成支付，这样的酷炫场景很有可能在未来更加发达的网络中出现。但如何让智能感应通过人体部位识别出用户的支付意愿？如何在没有终端密码上锁的情况下保证感应支付的安全？这些是未来需要解决的关键问题。

二维码退出支付舞台

目前，二维码扫描是电子移动支付的主要方式，这种方式之所以能大行其道，主要得益于移动通信的急速发展。早在 20 世纪 90 年代，二维码支付就已经在日、韩等国家普及。由于我国移动通信技术的发展一直以来都晚于发达国家，所以直到 O2O 在我国全面推动，加上智能终端的普及，二维码才在我国站稳了脚跟。

二维码是将商户的商品价格、账号等信息汇编成一个黑白相间的图形记录数据符号，通过智能终端的扫描识别完成支付的一种方式。这种支付技术十分成熟、存储量大、操作方便快捷、成本较低，很快受到大众青睐。但该支付技术也不可避免地引发了安全问题。

根据《2012 年上半年全球手机安全报告》，二维码成为众多手机病毒传播和钓鱼网站获利的新渠道。用户在使用二维码扫描时，有时会看到手机刷出链接地址，并且该地址捆绑了软件下载，这些软件经常携带病毒，稍不留意便进入用户手机。更有甚者将病毒伪装成吸费木马，利用二维码的渠道进行传播。用户一旦下载，该木马便进入用户手机吸走大量话费。正因如此，安全一直是网络管理的头号问题。

除了通过二维码渠道传播恶意诈骗病毒以外，一些不法分子还利用消费者的贪念设计更加缜密的骗局：通过微信群发赠送某商品的活动，请用户发朋友圈集赞，集赞满了一定的数量以后，又让用户给出集赞截图并支付邮费，用户支付了邮费以后，不法分子又要求给出付款码截图，一旦用户给了这个截图，该用户绑定了微信电子账户里的钱就会被洗劫一空。骗子利用很多用户还不太明白付款码功用（付款码不仅用于商家直接扫描，还相当于银行卡号＋密码）的空子，利用用户的付款码截图大肆消费，加上扫描付款码无须再次输入支付密码（千元以内）的弊端，让中招的用户遭受损失。

5G 时代的移动支付将迎来感应技术，在安全体系重构的环境下，对支付环境安全提出了更高的要求。目前存在的安全漏洞必须在 5G 时代得到修复，感应支付技术也会不断完善。当我们可以利用身体部位进行感应支付时，二维码和付款码作为支付中介，或将逐渐退出电子支付的历史舞台。

工业与物流业变革

每一次的变革都是一场思维革命和技术革新。迄今为止，人类社会经历了三次工业革命，其中第一次工业革命的影响最为深远。

许多国人在小时候的课外读物上阅读过一篇文章，题目叫《瓦特与茶壶的故事》：在英国的一个小镇上，家家户户都生火烧水做饭。有个叫瓦特的小男孩在祖母做饭的时候，盯着灶上正烧着的水壶，水开了以后，壶盖被顶开，随着沸腾的水跳动起来。好奇的瓦特问祖母为什么壶盖会动，祖母说，因为水烧开了。但是，对于瓦特进一步的询问，祖母回答不上来，也就没再理会。怀着强烈的好奇心和刨根问底的精神，瓦特对于水蒸气的兴趣与日俱增，于是就有了跨时代的发明：万用蒸汽机。

蒸汽机的出现是第一次工业革命的标志。在资产阶级确立统治地位的政治环境下，英国资本主义迅速发展，通过海外贸易、殖民统治，不断扩大生产，吸收先进的生产技术。1765年，哈格里夫斯发明"珍妮纺纱机"，英国开始了机器生产；1785年，瓦特将蒸汽机进行改良，大力推动机器生产，英国正式进入到"蒸汽时代";到了 1840 年，英国大机器生产基本取代传统的手工劳作，率先完成工业革命。18 世纪末，法国和美国相继开始工业革命。19 世纪中期，世界其他地区也先后走上了工业革命的道路。

工业革命的洗礼，让人们的思维方式从传统的手工思维向机械思维转变，进而带来了更多的发明和变革：19 世纪初，英国人史蒂芬孙发明了火车；1843 年，英国发明家查尔斯·瑟伯（Charles Thurber，1803－1886）创造出转轮打字机。机械思维让各行各业都迎来了产业革新，成为人们解决问题的思维模式：瑞士的钟表匠制造出精致的机械表；德国人利用机械制造出可编程计算机 Z1，甚至还有能够演奏音乐的雅典表。

第一次工业革命主要为纺织业、煤矿、冶金、机械制造工业带来了变革，也让一些曾经名不见经传的小镇急速扩张，一跃成为工业大城市，比如英国的曼彻斯特和伯明翰。走在技术变革前端的英国从中受益，成为世界的领头羊，保持着"日不落"的神话。

第一次工业革命打开了技术革命之门，紧接着第二次工业革命随之出现，人类社会从蒸汽时代进入到电气时代。内燃机和电力的使用成为第二次工业革命的主导力量，带动了交通运输的发展：汽车、飞机和轮船制造强势兴起。

20 世纪 50 年代开始的第三次工业革命，"计算"和信息技术成为了主导。电子计算机技术、纳米技术、航空航天技术、核技术和基因技术等尖端科技，引领着大国之间的综合国力竞争。2017 年 1 月 6 日上映的美国电影《隐藏人物》，讲述了美苏争霸期间在航空航天领域的角逐，影片中出现了大量的计算、数据核实的场景，将"计算"在大国之间争斗中的重要作用体现得淋漓尽致。电子和信息技术的发展，让美国"硅谷"、中国中关村频繁出现在公众视野中。

当前的人类社会，正处于第三次工业革命的末端，而即将来临的 5G 时代或将开启第四次工业革命或技术革命的浪潮。与前两次技术革命不同，为了顺应时代发展，从第三次工业革命开始，交叉学科就相继出现，让工业与科技有机结合，给人类带来一场全新技术革命的盛宴。在未来的 5G 时代，工业和物流将在全新技术革命的洗礼中迎来颠覆式的发展。

2010 年 7 月，德国政府发布《德国 2020 高技术战略》，首次正式提出"工业 4.0"概念。德国联邦教育局及研究部、联邦经济技术部联合资助，预计投入 2 亿欧元，全力支持工业和制造业的智能化进程。2014 年，中国国务院总理李克强访问德国，双方发表《中德合作行动纲要：共塑创新》，正式宣告中德开展"工业 4.0"合作。

"工业 4.0"，就是第四次工业革命，革命的主导力量就是智能，在历经了蒸汽时代、电气时代、计算机信息时代以后，人类社会将在第四次工业革命中走向智能时代。智能时代的三大主题就是智能工厂、智能生产和智能物流。

无人车间成为基本生产模式

1995 年，德国库卡机器人有限公司成立，之后进入快速发展的轨道，成为世界工业机器人制造行业的翘楚，产品销往北美、南美、亚洲、欧洲。库卡机器人主要用于工业和制造业各个领域的车间生产，承载物流运输，代替了大量人工劳动和人-机生产的模式。在如今发达的互联网环境下，库卡机器人在多家企业车间实现了机器与机器的互联，大大提高了生产效率。

面对机器人时代的来临，加上智能时代大数据等各种最新科技层出不穷，混战不已的国内家电行业开始把眼光转向未来，海尔、美的、格力三大家电企业都在积极谋求智能化家电的转型。

2017 年 1 月，中国美的集团收购库卡机器人公司 94.55％的股权。在此之前，美的已经在广州建立了全智能生产线，其空调产品的车间生产已经引入了机器人标准化作业：所有的工件都有自己的条码，在物联网下，通过条码识别，机器人可以接收到相应识别信息，从而完成对应零件和机型的装配，还能通过信息捆绑，进行数据分析，及时发现问题和纰漏，管理效率大大提高。探索的路总是充满坎坷，引入机器人生产是美的集团的大胆举措，因为公司需要花费大量的资金来投入运营，传统家电向智能化转型也需要耗费大量成本。纵观整个家电行业，美的集团率先开始大力实施机器人车间。未来5G时代，在万物互联的趋势下，按照目前的发展势头，美的集团很有可能冲出三大家电企业各自为王的局面，在家电市场独领风骚。

据《科技日报》2014年4月10日报道，联合国欧洲经济委员会和国际机器人联合会统计显示，从20世纪下半叶开始，世界机器人产业一直保持着稳步增长的良好势头，世界工业机器人市场前景很好：1960－2006年，全球已累计安装工业机器人175万余台；2005年以来，全球每年新安装工业机器人达10万套以上；2008年以后，全球工业机器人的装机量已超过百万台，约为103.57万台，且这一数据还在增长。

国际机器人联合会预测，到2020年，全球工业机器人保有量将从2016年底的128.8万台增长到305.3万台。

工业机器人的投入使用，让无人车间生产的场景不断出现，在智能互联网的高效运营下，生产效率将达到前所未有的高度。

在国内，富士康公司也大力主张无人车间生产模式。

2016年11月17日，在第三届世界互联网大会上，富士康总裁郭台铭作了题为《智能制造引领数字经济的发展》的报告，该报告指出，目前在物联网大数据的支持下，富士康已经有几座工厂可以关灯生产。

未来智能互联网全面爆发以后，无人车间将不再是少数企业的试验工厂，而是大多数制造商的常规生产模式。用于工业和制造业生产的机器人，将越来越走向精细化操作，体积也将变小，不仅生产效率急速提升，产品质量也将大大提高。到了那个时候，人-机操作的模式也渐渐不再有必要，劳工会完全被机器人取代。

定制化生产大行其道

在电商发达、生产智能化的数据时代，消费者正在经历并接受一系列新的变化，对于诸多新奇的商业模式，人们从早期的惊喜到后来的习以为常，消费者的品位不断升级，消费需求也开始多样化。过去，制造商批量生产商品投入市场，对消费者进行单项的产品输出，如果这些产品中并没有客户期望的颜色、款式，那么会出现两种情况：一是消费者凑合买了一件稍微符合自己期望的产品；二是消费者放弃购买。这样的情况屡见不鲜，对生产商和用户来说，都有一种十分无奈的感觉。如果用户把该产品买回家，但由于产品不是自己十分中意的款式，用不了多久便弃之不用。此外，一旦出现大量产品无人购买的情况，只能变成库存，造成资源浪费，对生产厂商来说，无疑是一大笔损失。

到了4G时代，电商平台的普及，网店的全面开花，时尚潮流的个性标签，为大众带来了多样化的消费选择。随着经济飞速发展，年轻一代倡导个性张扬，他们迫切需要彰显自己个性的产品，因此消费者的需求也越来越个性化。电子商务的出现可以满足这样的个性化需求，卖家通过与买家的沟通，了解到买家对产品的需求，就可以进行定制化生产，而且这样的生产完全无需大规模量产。

　　除了直接与店家沟通，在购买产品时，在线操作的页面上也会出现多种搭配菜单供客户选择。比如，如果我们在外卖软件上购买一杯咖啡，就会看到除了有各个调味品种的选择，还可以选择糖和奶的比例，以满足不同消费者的口味；如果没有选项设置，用户也可以在店家设置的备注栏里注明自己的口味需求。这种个性化的产品定制模式也因此让外卖市场迎来大爆发。

　　在大数据和物联网的支持下，部分商品正逐步从大规模生产模式开始向个性化定制模式转型，生产商利用互联网为用户开设定制化平台，利用大数据对客户需求、原材料的成本和数量、库存管理、现金流掌控进行分类、统计，根据数据进行销售战略部署，根据不同客户的个性需求进行定制生产方案。许多一线品牌也加入了定制化生产的大军，包括耐克、阿迪达斯推出的个性化私人定制运动鞋；巴宝莉联合梦工厂动画公司，通过可视化技术，推出定制围巾；京东公司联合国内众多定制知名品牌，推出衣饰穿戴的定制服务。

2016 年，美国轻奢品牌 Kate Spade 收购定制品牌 Bag Bar。从 2017 年开始，Kate Spade 强势推出 Bag Bar 定制平台，为客户量身定做个性手袋。Bag Bar 在业界向来以定制化生产而知名，可以根据客户喜好替换封面和配件，满足客户的个性化需求。而 Kate Spade 收购 Bag Bar 之后，将致力于自己品牌旗下的手袋业务，利用 Bag Bar 定制系统迎合客户不同的个性化需求。客户在定制产品时，不仅有各种制作原材料的选择，还可以选择手袋的边缘、垫圈、装饰等等，不同的选择配以不同的价位，让用户无须亲自动手就能拥有自己创作的手袋。

5G 时代，小规模的定制化生产模式不仅将逐步取代传统大规模量产，而且在物流技术上也将迎来新的产业变革。未来，在智能物联网的强大支持下，大数据将得到充分利用，所有的商品都配有感应器，物流配送将实现透明化。买家无须再查询是否发货，订单什么时候到达下一个站点，而是可以直接实时追踪自己的商品到了哪个具体位置，正在以什么样的速度向哪个方向移动。之前被曝光的伪造国际快递单和报关税单这种情况，在以后物流公开透明的机制下，将被杜绝。

此外，大数据的加入，也让未来的工业、制造业和物流配送的管理机制不再有安全方面的漏洞。

每一个环节都被管理

2018 年，在德国汉诺威工业博览会上，来自世界各地的参展商、媒体和各界人士看到了信息和自动化技术实现人-机合作、机器与机器互通的高科技场景。德国作为东道主和率先提出"工业 4.0"概念的国家，为全世界展现了其强大的研发实力，数字化智能生产、联网能源系统、智能化物流解决方案作为展会亮点，让人们看到未来工业、制造业、物流融入信息产业的大趋势。

作为制造业大国，中国主要出口纺织产品、服饰、鞋类、机电产品等，"中国制造"长期以来一直是中国打入世界市场的主要方式。然而，一个残酷的现实是，迄今，大多数"中国制造"都是低附加值产品，如果是与外商合资，也是由外商掌控核心技术和销售渠道，国内的生产线所赚取的利润十分微薄，中方还要支付昂贵的专利费。随着经济的快速发展和电商的发达，传统的制造业面临产能过剩、附加值低、税负过重、高端人才缺乏、运营成本高等重重困难。在管理上，传统的产业链需要经过原料采购、生产、质检、推向市场这样一个流程。这样的产业链不仅周期长，而且在上下游、供应端、仓储、调度等各个环节都非常冗杂，并且由于环节割裂，信息传递效率低，一旦出现问题，就有可能导致不必要的损失。

当电商平台联合私人定制这样的全新模式兴起以后，过去以产品为导向的单向输出的低端制造开始暴露出弊端，一些小企业的日子越发难过。

2017 年，一篇题为《制造业已然死路，兼探讨神州未来崛起之路》的文章轰动网络，该文作者以自己叔叔的制造厂为例，描述了国内的低端制造在数据时代走向溃败的惨状。文中提到的制造厂主要业务是加工耳机，与台湾客户建立了长期合作，但由于后期人力成本增加，盈利空间急速缩小，工厂老板也谋求转型，将设备进行了自动化升级，但却达不到客户要求。无奈之下，老板只好再次采用劳动密集型的传统管理模式，在推出产品的时候寻找代理商，然而遇人不淑，代理商频繁拖欠货款或者携款而逃，加上市场竞争残酷，大量产品积压。最后，台湾客户放弃合作，把重心转移到人力成本更低的越南，这家工厂被迫宣告歇业。

这个故事着实令人感慨不已，工厂老板为了维持工厂运作，寻求各种办法，本着为企业负责，也为员工负责的态度努力经营，结果却不尽如人意。如果制造商能够转变经营思维，将目光放得更远，在管理上突破传统机械思维模式，充分利用大数据技术，结局很可能大不相同。

传统工业制造生产的管理长期受到机械思维模式的影响，缺乏灵活性和可变性，导致生产管理十分"刚化"，而"工业

4.0"的概念，主打"柔性"生产。"柔性"将是未来工业加工和制造业生产的核心竞争力。与传统的螺丝钉式的生产流水线不同，"柔性"制造致力于加工制造的灵活性、可调节性和可变动性，以生产效率最大化为最终目的，进行资源的优化配置，将最大限度降低成本、提高利润落实到各个环节。出于传统生产的转型需要，各个国家现在对这方面的人才尤其是专业管理人才的需求十分迫切。因此，许多顶尖高校也陆续设置相应的新兴交叉学科，比如"工业工程"，大力培养这方面的人才。相关专业在各大高校，尤其是美国顶尖院校已经成为大热门专业，对学生的数理统计、概率论、线性代数、大数据分析能力要求十分苛刻，并且还要求学生掌握商务管理知识。这样的人才一旦走出校园，致力于工业、制造业加工管理工作，就能与智能时代的大数据思维管理模式接轨，成为 5G 时代传统产业转型的中坚力量。

"工业 4.0"是顺应未来智能物联网时代的产物，是人类社会发展的必然趋势。在大数据和物联网的强大支撑下，感应将成为下一代技术主导。工业加工、制造业生产的整个产业链会越来越精细化。产业链上下游、供应链并存于一个信息系统之内，各环节实现扁平化运作，任何信息都会被其他环节的相关工作人员知晓，所有的管理环节都会实现透明化。不仅如此，在大数据的存储记录中，优秀的管理人员会运用最好的数据建模，进行最佳数据核算来实现利润最大化，全方位无死角地高效管理每一个角落，将运营每一个环节的成本都降到最低，真正贯彻生产的柔性化。

在 2018 年德国汉诺威工业博览会上，西门子公司展出了多乐士数字化涂料厂，利用数字技术实现虚拟现实的工业化生产装置；博世公司展出了人工智能机器人完成多种复杂作业的智能工厂运作模式；SAP 公司展出了自动化仓储管理系统。在德国，"工业 4.0"的观念已经深入到本土各个企业，许多工厂都采用了联网机器。智能制造的管理模式每年为德国带来超过 100 亿欧元的经济增长。

第四次工业革命的浪潮已经兴起，中国采取积极主动的态度，与德国加强合作，大力发展人工智能。我们有理由对未来"中国制造"的标签进行重新定义，也相信中国制造商能充分展示出勇于创新的能力，在智能物联网时代重新扬帆起航，打破长期以来根深蒂固的机械思维，创新数据化柔性管理模式，实现资源优化配置。

资源配置效率更高

"工业 4.0"的目标，是实现定制化智能生产，让每一个消费者都能按照自己的意志支配商品的生产，甚至无须亲自操作，通过智能家居的万物互联就能自动帮用户接单，完成定制化生产。比如，家中的智能冰箱能够感应到里面食材的减少，根据数据库中记录下的购买信息，精确判断出用户的饮食习惯和口味，自动向电商平台和产品商发送订购信息，店家自动接单以后，会及时发货送到家里。

5G时代，我们想要实现上述场景，工业加工、制造业生产、物流配送等环节就必须优化资源，才能实现高效率的资源配置。

中国的制造业在当下面临各种困局，转型之路似乎异常艰难，在未来智能物联网的大数据时代，摒弃传统的机械思维，积极转换成大数据思维，以新的思维方式重新整合资源配置，是中国制造业可行的出路之一。当前，已经有许多企业和工业区正在探索这条全新的道路，并且得到政府的支持，取得了很大的成效。

2013年下半年，苏州市吴江区首次尝试在全区所有工业企业建立大数据系统，试图通过大数据分析，精准掌握全区工业的运营情况，分析企业效益，制定资源配置政策。为了解决企业识别的唯一性问题，吴江区政府大力推动，对税务部门专用的识别码、工商部门专用的企业注册号、供电公司专用的识别码，进行筛选、规整，以组织机构代码作为各个企业的唯一代码，并与其他部门代码匹配，实现各个单位部门的数据整合。经过几年努力，吴江区纳入大数据系统的企业达到16 000多家，实现各个企业全面覆盖。通过分析和评价整个工业企业的详细数据，相关部门在进行资源优化、发展新兴产业、淘汰低端产能时，有了坚实的科学依据，大大提高了产业改革推进的效率。这套大数据系统名为"工业企业资源集约利用信息系统"，通过该套系统，吴江全区工业企业的运营情况、用地、用能、产出和排放量等数据都一目了然。不仅如此，该系统还能按照各个区域、产业分类、企业分类进行数据专题分析。

目前，吴江区政府正继续努力，争取更大的政策支持，积极落实差别化土地使用税、工业供地、用电、水价、排污量各方面的政策，以及相关试点政策。

除了地方政府的试行，一些传统制造业也在积极利用大数据思维进行资源的重新整合。

2016 年，沈阳机床厂进入世界 500 强，作为我国机械制造业的代表，沈阳机床厂积极谋求转型，全球首创研发了 i5M8 系列平台型智能机床。与传统的刚性制造模式不同，这套智能机床本身有着极高的柔性，由电脑控制，是一个集工业（industry）、信息（information）、互联网（internet）、智慧（intelligence）、集成（integration）于一体的智能系统（这也是 i5 名称的由来，以这五个英文单词的首字母 i 命名）。该套智能机床以互联网为平台，可以进行智能校正、智能诊断、智能管理，并且拥有智能学习的强大功能，在加工产品时，也能够通过互联网传送实时数据，兼顾储存和分析大数据的云平台角色。通过这样一套系统，智能机床还能帮助管理者进行资源配置，快速解决成本核算和远程操控的问题，为生产任务调配、产品定制化生产、机床租赁等一系列环节提供高效配置。i5M8 系列打破了传统制造的运营模式，通过智能程序，自动生成加工工艺，并远程传输到机床平台，让机械设计工作者在家里就能轻松快速地获得这些复杂的机械零件。受益于这套系统的不仅是生产商，管理者通过 i5M8 智能系统，与智能物流打通，用户可以看到整个产品的生产进度：从设计师图纸到最后的成品，实现个性化定制和"我想即我得"的场景。

5G 时代的"工业 4.0"，将迎来管理无死角、生产和物流各个节点严格把控的新局面，在这样的运作模式下，实现资源配置的高效率。

农业革命

农业关系到人类的生存，是国家经济的根基，虽然繁荣发达的大城市吸引了越来越多的农村人口进入，但人总归要吃饭，还得有人种粮食，种植水果蔬菜，所以农业发展对于一个国家的重要性不言而喻。传统的农业发展主要依赖于自然条件，利用人力、农业工具进行手工劳作。农作物的生长、产量和质量靠世世代代的农民积累下来的经验来把控。早期的农业以自给自足为目标。靠天吃饭和人工分散劳作，长期以来是农业的主要特征。传统的农业生产水平低下，产量十分有限，生产方式传统，受自然环境影响大。虽然这种生产模式可以让供求基本处于平衡状态，然而，不可控因素多是传统农业面临的最大问题，一旦出现天灾，影响收成，百姓即遭受饥寒交迫之苦。

传统农业生产和运作依靠以往的经验，农作物的产出依赖于个人努力和自然条件。当人类社会不断进步，技术革命不断出现，传统农业也从过去的自给自足、手工劳作的原始模式逐步向现代农业进化，不断吸收和利用新的机械和技术。在大数据时代，农学专家通过整合湿度、土壤质量、空气指标、天气预测等相关历史数据，对农作物与其他相关因素的数据加以分析，找到种植农产品的最佳配比，从而大幅度提高农产品的产量和质量。

"科技兴农"在未来的5G时代将不再是口号，当大数据与农业相结合，现代农业将再次升级，为我们展现出一幅优美的画卷。

地球可以养活更多的人

在农业技术不断进步的同时，我们也要看到一个现实问题：

随着世界人口的逐年增加，土地资源日益减少，一味开发原有资源和填海造陆并不是可持续发展的良策。此外，全球各地依然有许多荒芜贫瘠之地无法使用，依然有农业比较落后的地区。

就我国而言，随着城市化进程的加速，农业用地资源不断减少，耕地后备资源不仅数量很少，而且大多分布零散，并且由于自然条件欠佳，可利用度低。而现有的农业用地也存在许多不合理利用的情况，耕地抛荒现象严重。此外，当下我国农村的土地质量明显下降，可持续利用率也不高。要想实现新型农业模式，对于土地资源的利用就必须借助最新科技，与大数据结合，提高利用效率，让有限的农用土地资源养活更多的人。

20 世纪 80 年代初，美国率先提出精准农业的概念，用数据来管理农场运作，研发和配备可以承载数据的农业用具。由于当时的硬件条件还不够成熟，智能网络尚未建成，精准农业的设想暂时搁浅。10 年以后，美国陆续出现了专门的农业数据公司，生产智能农业配套设备。这些设备具有智能学习的功能，可以根据天气变化进行实时分析，让农场作业做出相应的调整。

在大片农田中，每一块土地的水分指数、营养指标、农作物生长情况都可能有所不同。传统的农场管理主要依靠人力，一定面积内分派一定数量的农民进行播种和施肥等工作，而且他们不会区分农田里的土地差异，会把同样的品种以等间距的方式播种。这种方式往往导致一定比例的农作物生长不佳，极大地浪费了土地资源。精准农业颠覆了对土地资源的传统利用方式，专业的自动播种机带有土壤分析功能，根据科学的分析数据，在土壤肥沃的土地上密集播种，在肥力低的土地上进行稀植。除了分析土壤，智能设备还会进行种子分析，找出种子与土壤的最佳配比，更换种子品种。大面积播种都使用这种带有强大智能的自动播种机，只需一人管理就可高效完成，并且由于精准播种，每公顷土地都能实现增产。

智能播种机大大提高了农场作业质量，单粒播比率提高到99%，整个工作流程都可以实时监控。有了数据的实时记录，农场管理者可以根据数据来判断机器的运作情况，一旦数据发生异常，可以随时停机纠正，有效地防止不必要的损失。除了智能播种机，其他农业设备也运用在整个农业活动中。通过准确的数据分析，精准把控所有原料的配比，最大限度地节约成本，充分利用每一寸土地，这在过去是无法想象的。

居住在美国伊利诺伊州的一个农场上的农场主罗德尼·西林，与父亲一起经营了一块约为 7 900 亩的田地。农场只有这父子二人，没有雇用任何工人，即便在最忙碌的时节，西林也只需要农场上那一套智能农业机械设备和一台平板电脑就可以轻松高效地完成整个农场的所有工作。西林的这些设备都配有卫星导航系统和自动驾驶功能，他可以在驾驶室里做任何自己喜欢的事情，而机器会按照设定好的路线工作，并且整个工作的进度随时都有记录，西林可以远程监控。他不是唯一一个这样管理农场的人，在美国，像西林这样的农场主越来越多。

如果每一寸土地都可以按照精准农业的理念进行开发，那么未来的 5G 时代，农业将和工业一样，与信息产业有机结合，实现大数据运作。这样的智能农场将创造更大的产量，节约更多的成本，真正实现以有限的土地资源养活更多人的目标。

靠天收变为可控制

传统农业的主要特征就是靠天吃饭，受自然条件影响较大。随着人类社会的发展、农业技术的进步以及农业人口的减少，科技兴农已经成为农业发展的主要方向，农业从传统向现代化转型是必然趋势。

弹丸之国以色列是科技兴农的成功典范，它所创造的奇迹尤为引人注目。

以色列国土面积 1.49 万平方公里，其中有 2/3 的土地为沙漠和山地，年均降水量只有 200 毫米左右，人均水资源还不到世界平均水平的 3%。这样的自然环境，对于农业发展来说实在是太过糟糕。然而，就是这样一个土地资源极其贫瘠、水资源严重缺乏的国家，通过走科技兴农的道路，竟然成为全球闻名的农业强国。

纵观以色列的农业神话，大致经过三个发展阶段：

20 世纪 50 年代初，以色列政府开始大力发展农业。当时，国家处于战争中，经济压力巨大，农业成为以色列恢复经济的救命稻草。政府支持在全国垦荒，建立定居点，旨在实现粮食的自给自足。1952 年，以色列政府积极引种棉花，以解决国民的穿衣问题，并出口到国外。一年以后，以色列开始开发沙漠，实施"北水南调"工程。

从 1952 年开始，以色列政府耗时 11 年，投资 1.5 亿美元，建成了"北水南调"输水管道，但传统的农业灌溉技术很难适应推进沙漠改造工作，项目进展十分缓慢。1962 年，一位农民无意中发现水管漏水处的庄稼长势良好，原来水在同一个位置渗入土壤，不仅可以有效减少蒸发，还可以很好地控制肥料和农药。这一发现得到政府的大力支持，两年以后，著名的耐特菲姆滴灌公司成立。从 60 年代开始，滴灌技术迅速推动了以色列的农业革命，农产品迅猛增产，沙漠改造进程大大加快，耕种面积不断扩大，沙漠城市绿树成荫，旧貌换新颜。此后，以色列继续研发新的滴灌技术，改进滴灌设备，从根本上改变了传统农业模式。滴灌技术比漫灌节约 1/3～1/2 的水，单位面积土地增产 1/3 以上，水资源利用率高达 90％。如今的以色列，广泛采用滴灌系统，以科技为本，实行电脑自动化操作，并把这种技术出口到世界其他国家，大大缓解了水资源危机。

从 80 年代开始，以色列积极走农业产业化道路，实施农业产业结构转型战略，同时大力开辟国际市场，建立起一套集农业科技和工厂化管理为一体的现代农业管理体系。农产品的品种也在最初单一粮食的基础上，不断扩展到高质量的肉类、花卉、蔬菜水果等，并出口海外。科技兴农成为以色列的国策，国家鼓励农民学习新的技术，大力扶持农业研究。现在以色列拥有 3 500 多个高科技公司、7 个研究所，250 多位博士、研究员从事 750 多个科研项目，政府每年拨上亿美元经费用于农业科研。如今，善于创新的以色列，不但改变了农业靠天吃饭的局面，让靠天收变为可控制，而且每年吸引全球大量的农业技术专家前去学习参观。

5G 时代的智能农业，将万物互联和大数据应用于现代化的农业当中，有望在更大程度上摆脱自然条件的制约。届时，人们可以通过大数据对荒地和土地资源贫瘠的地区进行系统分析，有效将这些资源进行科学利用，利用对气候条件的精准分析，定制出针对某一块土地的开发利用计划，从而实现农业增产。

农业生产工厂化

如今，充分利用大数据，大规模种植农作物成为一种趋势。在科技的助力下，土地可以实现效益最大化，以后的农业将采用工厂化运作。实际上，目前以色列的农业产业化已经具备生产工厂化的雏形。

美国的农业十分发达，是农业强国，该国对农业数据的开放时间较早，也比较注重收集农业数据。可以想象，一旦进入 5G 时代，美国势必将致力于利用大数据对天气、土壤、种子、化肥、作物药剂等进行系统化处理，建立统一模型，并将这套系统提供给农民和供应商，实现信息互通、流程扁平化、农产品产量和利润最大化。此外，农业机械制造商也会成为整个新的农业产业链的一部分。随着 5G 时代的万物互联成熟运营，气象站、贸易商、技术商以及相关合作伙伴也会加入到整个农业发展的价值链，互通信息，实现智能工厂化精准农业。

当然，不仅美国会运用这样全新的农业运作模式，其他各个国家都会积极利用大数据探索智能农业产业链的发展方向。只不过得益于异常发达的高科技，美国的智能农业走得比其他国家更早一点：相关农业数据公司纷纷成立，包括精密播种公司的硬件和软件、气候集团的气象数据分析产品、智慧农场公司的 SaaS 预测数据系统、Farm Logs 公司开发的历史气象数据定位等。而成立于 1901 年的孟山都公司，对未来数据与农业结合的前景十分看好，已经收购多家数据分析机构，力图在农业领域继续保持优势。

随着智能农业设备的出现、数据农业分析产业的兴起，现代化手段让未来的农业能像工业一样运作，轻松实现规模化经营。而当农产品的生产和加工都得到实时监控后，农产品、粮食和食品的安全体系也会被重新建构。

粮食安全问题得到彻底解决

因为关系到民众的身体健康，食品安全一直是世界各国最为关心的问题。尤其在中国，近年来三聚氰胺奶粉等重大食品安全事件被曝光后，引发民众恐慌，涉事企业也遭遇灭顶之灾。未来的 5G 时代，在智能农业、智能物联和智能物流等大数据流的监控下，粮食安全问题将得到彻底解决。

世界卫生组织已经提出采用大数据方法来支持食品安全决策，并建立食品安全平台 Foscollab，对不同学科、不同企业包括农业、食品和公共卫生指数的数据进行整合。未来，在大数据运作成熟时期，有关部门可以通过在线数据库、互联网、移动智能终端和社交媒体等手段进行食品安全的数据收集。在移动通信进入到 5G 网络以后，智能手机将有望具备食品感应监测功能，并将生产记录同步到计算机和官方食品数据中心，从而将食品安全置于全民监督之下，形成良性监管。

大数据应用于粮食安全体系，除了数据采集和储存，还能利用可视化工具提供图片和进行位置关联，甚至在初期进行环境因素信息分析时，就能预测出病原体和污染源，将不安全因素提前排除。不仅如此，通过大数据的检测功能，还能应对突发性食品安全事件。2011 年，德国发生了"肠出血性大肠杆菌"事件，这些细菌的存在信息在不同地区被及时收集到，专业的检测人员利用这些数据，通过检测每个家庭来筛选二级感染，迅速提供预防措施，最终阻止了事件的恶化。

在智能物联网时代，万物互联，食品安全与数据产生关联，粮食安全体系将变得更加完善。人们很有可能在购买某个食品和食材时，就可以通过手机感应在屏幕上看到该产品非常详细的安全监测数据库，不但方便快捷，数据还会是实时更新的。

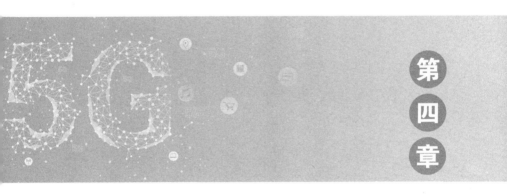

第四章

后5G时代的人类社会

5G 加速万物互联网落地

人类社会已经经历了六次信息革命。

第一次信息革命：语言的发明，让信息可以分享，帮助猿进化成为人类。

第二次信息革命：文字的发明，让信息可以记录，是人类文明出现的标志。

第三次信息革命：纸和印刷术的发明，让信息可以较低成本进行远距离传输。

第四次信息革命：无线电的发明，让信息可以进行远距离实时传输，是近代历史上影响政治、军事、文化的重要标志。

第五次信息革命：电视的发明，让信息可以进行远距离实时多媒体传输，从此信息带上温度、富有感情。电视是近百年来影响人类社会的重要信息平台，它的发明是人类文化、娱乐业发展的一个重要里程碑。

第六次信息革命：互联网的发明，让信息可以进行远距离实时多媒体双向交互传输，开启了人类信息传输的伟大革命。

互联网的出现，使媒体、娱乐、社会管理都受到巨大挑战，也在很大程度上影响了全球政治、经济、文化、娱乐等方方面面，重构了人类社会。

今天，传统互联网已经接近完成历史使命，它的基本精神已经无法涵盖互联网的未来，它的网络结构、技术能力也无法适应一个有更高需求的未来。

互联网最初的基本理念是让信息高速度、无障碍、自由地传输，互联网上承载的基本信息就是文字信息。自由、开放、共享成为传统互联网的精神内核。在互联网诞生之初，有一条被广为传播甚至奉为基本信条的名言："在互联网上，没人知道你是一条狗"。那时，上网还不需要实名，惊世骇俗的言论不受管理，这是互联网的基本价值取向。

在技术上，传统互联网采用 TCP/IP 协议，基于 IPv4 的体系，在信息传输上构建了一个有利于信息传输的简单网络，拥有强大的扩展性。但是这个网络体系一开始就缺乏管理层和安全层，很容易受到攻击，安全保障很差，其安全性甚至可以用千疮百孔来形容。各种信息泄露，安全攻击，钓鱼、木马软件随处可见，网络诈骗层出不穷。这样的网络如果担负需要安全保障的任务，显然无力胜任。而作为主要承担信息传输的网络，要承担更多服务的难度也比较大。

未来第七次信息革命是什么？这个问题如今已经摆在人类

的面前。

人类历史上的前六次信息革命就是一点点解决我们信息传输的各种问题，让信息分享、记录、远距离传输，以及远距离实时传输、远距离实时多媒体传输、远距离实时多媒体双向交互传输成为现实。到了互联网时代，人类基本上已经解决了传输的所有问题。

第七次信息革命，人类要从传输时代走向感应时代。下一次信息革命人类还需要什么？很显然，是在很好地解决信息传输的情况下，延展人类的器官，让感应帮助我们了解更多的未知世界，同时把这些数据进行收集、整理、加工，成为大数据，并且不断通过智能学习，最后形成服务。这样的庞大体系远不是传统互联网可以承载的，也不仅是传统互联网的延伸和发展，它应该是在传统互联网基础上的一次革命，或是一次全新的重建，这个重建包括多个能力的重建。

第七次信息革命是智能互联网，它是移动互联、智能感应、大数据、智能学习共同组成的新能力，不仅解决了传输问题，同时具备感应功能，而大数据与智能学习又能对数据进行收集、处理、整合，并在此基础上提供智能化的服务。

在这个体系中，5G 是第七次信息革命的基础，也是第七次信息革命完成构建的根本保证。

可能有人会问：1G 到 4G 也提供了移动通信的能力，4G

的网络速度已经达到 100Mbps，为什么还需要 5G?

应该说，5G 提供了完全不同于前几代产品的移动通信能力：第一代移动通信只能进行语音的通信；第二代移动通信拥有数据通信的能力，但是速度很低；第三代移动通信才让我们从语音时代真正走向数据时代；第四代移动通信通过速度的提升，让移动通信达到了一个新高度，在这个基础上，移动支付、电子商务、共享单车、共享汽车的服务很快发展起来，大大提高了社会效率，提升了用户服务体验。

但 4G 网络显然不能适应智能互联网的发展，除了网络速度较高之外，它还有很多问题无法解决。

对于 5G，3GPP 定义了三大场景，在这三大场景的基础上，我们看到人类对于未来移动通信有着更高的诉求。

5G 具有六大特点：高速度、泛在网、低功耗、低时延、万物互联、重构安全。这六大特点表明，5G 不仅让网络具有更高的速度，远远超过 4G，更为重要的是，能够覆盖社会生活的每个角落，可以随时随地提供服务。泛在网是服务得到保证、服务质量提升的基础，也是新业务得以发展的强有力支撑。当前，世界主要大国中，移动支付发展最好的国家是中国，泛在网在其中起了重要的作用。如今的中国，不仅是城市，也包括偏远的农村，任何地方只要有网络，随时可以进行支付，这就让移动电子支付有了高速发展的可能。一个有趣的现象是，像美国这样经济和技术发达的国家，创新能力较强，但移动电子支付发展不起来，一个重要的原因就是网络覆盖不够好，用户一次用移动端付不了钱，下次就会用信用卡了。

低功耗更是 4G 无法实现的。大量的物联网应用，如果没有低功耗就无法部署。很多的业务和应用，不可能像手机一样，随时带着电池，每天进行充电。要实现物联网互联，就必须要有低成本的模组和低功耗的网络。5G 的一个基本诉求就是支持大规模的物联网应用，所以除了高速度，还有 eMTC 可以支持中速率的接入，NB-IoT 可以支持低速率的接入，从而实现低功耗。虽然 NB-IoT 的部署可以建立在 2G 网络上，但这个标准的提出，是在 5G 诉求之下提出的，也是随着 5G 的到来开始进行网络建设的。

低时延同样是 5G 之前的网络无法实现的。在无人驾驶、工业控制这些对精度有极高要求的场景下，4G 时代 20～80 毫秒的时延显然无法满足需要，把时延降低到 10 毫秒甚至 1 毫秒，就需要对网络进行大规模改造，同时把边缘计算等众多的技术引进到 5G 的网络建设中来。低时延可以让网络控制的精度大大提升，才能做无人机编队这样的工作，5G 的应用场景也将大大增加。

今天的移动通信网络，能够支持的终端数是非常有限的，一个基站可以连接的手机不超过 1 000 部，在一个小扇区内可以接入的终端同样很有限。而物联网则要求除手机之外,大量的社会公共管理和日常生活产品都可以联网,包括汽车、充电桩、停车位、电线杆、路灯、井盖、监视器、红绿灯、门锁、空气净化器、空调、抽油烟机、暖气阀门、电灯、冰箱、洗衣机、电饭煲、插座、眼镜、皮带、皮鞋、手环、手表等社会公共服务、智能家居产品和个人生活用品都可以联网,愿景是每一平方公里有 100 万个设备终端联网,这就需要空口可以支持大量的设备,形成万物互联的能力。

5G 还有一个重要特点,就是对互联网安全机制的重建。传统互联网的安全机制非常薄弱,5G 不是一个信息传输平台,它要渗透到社会生活的每个领域,包括公共管理、智能交通、智能家居、智能健康管理、工业互联网、智慧物流、智慧农业等,大量的数据涉及国家安全、公共安全、个人隐私。如果这个网络和传统互联网一样,很容易被攻破,就会造成大量信息泄露,甚至被黑客管理控制,因此,没有安全保障的网络宁可不建,因为危害和影响实在太大。要让智能互联网安全运行,必须重新建立安全机制,甚至可以考虑在传统互联网之外,重新建构一个安全级优先的网络。

具有六大特点的 5G,对移动互联来说,解决了速度、泛在、功耗、时延、万物互联、安全等各方面的问题,让大量的感应器得以部署,让智能感应从一个概念变成拥有更多功能的产品，进入公共管理领域和普通人的日常生活，在智能感应的基础上，才会有智能学习，并且形成有价值的服务。

人工智能的概念已经提出 60 年了，物联网概念的出现甚至大力推广也有十几年的时间，但至今很难变成有价值的服务，其中一个重要原因，就是成本高，部署复杂，无法真正进入一般性的公共管理领域和普通人的生活。成本低、效率高、能力强的 5G 通信服务将成为智能互联网坚实的基础，也是智能互联网得以发展的重要推动力量。

5G 的部署，还会大大降低通信成本，促进业务发展与消费者的更多使用。2G 时代，1GB 流量，运营商的通行价格约为 1 万元人民币，在如此高的价格下，用户每月使用 5MB 流量是常态，使用 30MB 算是高流量了；3G 时代，随着通信网络数据能力的提升，可以提供更多的数据流量，1GB 的流量价格降到 500 元左右，用户每月使用流量也达到 100MB 左右；4G 时代，1GB 流量的价格降至 30 元以下，甚至有的仅为 10 元左右，用户每月使用流量达到 1.5GB 以上，比以往大为提升。随着流量价格的下降，大量的视频、社交、电子商务、电子支付业务，用户可以随意使用，社会服务的效率大大提高；而 5G 到来后，流量费会降至 1GB 1 元，甚至更低的价格，这对需要消费较多流量的 AI、VR、视频业务会带来巨大的推动作用。

移动互联、智能感应、大数据、智能学习形成的智能互联网服务体系，将把我们从信息传输时代带入感应时代，人类的器官得以大大延伸，而人工智能的加持，又会大大提升人的感应能力，并在这个基础上形成更加高效的服务。由此，人类将迎来信息革命的又一个新时代。

6G 将是技术演进而非革命

5G 之后的 6G 技术，现有国家已经开始研究。相对 5G 的革命性变化，6G 应该是 5G 技术的完善、强化以及进一步优化和提升。

这和从 3G 到 4G 的演进是一样的。3G 是从数字通信时代走向数据通信时代。2G 虽然也有数字通信能力，但主要是发短信和来电显示，上网是一个非常次要的能力，用户使用数据的量也非常小，电信运营商的核心网络、计费体系都以语音为基础。进入 3G 之后，虽然语音还是非常重要，但网络不再是一个以语音为核心的网络，数据业务成为重要业务，核心网络和计费体系是一个以数据为核心的体系。从 2G 到 3G，对于通信网络来说是一次革命，是一个全新的转换。

不过，客观来说，3G 的网络速度还比较慢，4G 则大大提升了网络速度，让用户体验有了极大的改善。我们可以将 4G

理解成一次技术演进，只是网络速度提升了，它的基础架构和基本能力与 3G 相比没有革命性的变化。甚至大量的 4G 业务，也是在 3G 的基础上渐渐做起来的。只不过随着 4G 的到来，这些业务的效率得到较大提升，迎来爆发期。

5G 在技术上提出了更多的诉求，速度要快，功耗、时延要低。相对于 4G 网络，5G 对整个网络结构进行调整与重建，而且核心网络、管理与计费体系也会发生巨大变化。在 5G 基础上形成的业务，不再仅限于信息的传输，而是智能互联网，这个网络由移动互联、智能感应、大数据、智能学习等整合形成新的能力，可以说是一个革命性的变化。5G 革命，体现的是技术、管理、计费、业务模式、商业模式、业务形态诸多方面的巨大改变。

那么，5G 是不是能让所有愿景都实现，达到完美的感受与体验呢？显然不是。5G 也会经历一个长期演进的过程，逐渐从网络、管理体系等各个方面不断提升，因此，从这个意义上说，6G 不会再次进行技术革命，在体系上做革命性改变，而是在 5G 的基础上，根据实际运营情况，发现新问题，或针对 5G 存在的不足加以完善。

6G 会让网络进一步融合

目前，移动通信网络和卫星网络是两个独立的网络，各自运营，不能起到相互融合补充的作用。6G 有可能出现天地一体化的趋势，一个网络不仅可以通过地面基站进行陆地覆盖，还能通过低轨道卫星和高轨道卫星进行共同组网，在地面上通过众多的直放站、小基站进行深度覆盖。而网络的融合，可以兼顾面与点，通过高轨道卫星和低轨道卫星，保证了面，在地球的任意一个角落，都可能有网络存在；同时，在人口密集地区或当前网络不够密集的地区进行深度覆盖，并且可以深入到地下，比如地铁、隧道、停车场、矿山等信号较差的特殊场所。

除了地表之下一定的深度能够被覆盖之外，水下通信在 6G 时代也应该能实现，并成为整个网络覆盖体系的一部分。比如，在近海、江河、湖泊中，水体品质、水下植物、水下生物、水下养殖产品、水体温度变化、水中营养物含量、污染物含量、水下堤坝位移度等诸多领域，都需要监测，而水下监测如果有网络覆盖，将在很大程度上提升监控和管理能力。6G 还可以在采集海洋相关数据，监测环境污染、气候变化、海底异常、地震火山活动，探查海底目标，以及水下远距离图像传输，甚至军事领域发挥重要的作用。很显然，在 4G 和 5G 时代，水下网络覆盖根本没有被考虑，6G 时代应进行规划并取得突破。

具体来说，水下无线通信可以采用水下电磁波通信、水声通信和水下量子通信等多种技术。频率高于 100KHz，能够辐射到空间的高频电磁波射频（Radiofrequency，RF），在水下无线通信中会有较大机会。通过技术能力的提升，达到 100Kbps 以上的数据的高速传输成为可能，还可以抵抗噪声的影响，实现相对较低的时延和低功耗，并且有较高的安全性。射频通信有可能成为水下无线通信的重要选择。此外，水下激光通信和水下中微子通信也将成为广受关注的技术，但这些技术还需要不断完善。

6G 要迈出的重要一步，是通过卫星、地面站、小基站、水下基站等技术和方式，把天空、地面、地下、水中都联成一个整体，让网络真正的泛在。对通信业来说，实现这些能力目前还有不小的挑战，这些网络要想联成一个整体，形成新的商业模式，还有许多必须改进和完善的地方。

采用更多的频谱提升效率与能力

为了实现更大的带宽，必须把更多的频谱用于移动通信。在 5G 时代，800/900MHz 被用于物联网 IoT 频段，3.4GHz～3.6GHz、20GHz～60GHz 的频谱都被考虑用作 5G，从而大大增加了可使用的频谱，提升了网络容量和带宽。

6G 网络需要更大的带宽，6G 的峰值速度会达到 100Gbps，而 5G 的峰值速度只有 20Gbps，单信道带宽也会达到 1GHz，而 5G 的单信道带宽只有 100MHz，通过多个 1GHz 的带宽进行组合，最后可以实现 100Gbps 的速度。要实现单信道 1GHz 的带宽，较低频段的频谱显然不足以支撑，这就必须要把更多的频谱拿出来用作移动通信，毫米波已经在 5G 时代开始采用，可以预计，在 6G 时代太赫兹波将进入人们的视野。

太赫兹波的波长在 $3\mu m \sim 1\,000\mu m$，频率为 $0.1THz \sim 10THz$，是介于微波与光波之间的电磁波，兼具微波通信和光波通信的优点，这在一定程度上赋予了它和其余电磁波不同的特性，即传输速度高、容量大、方向性强、安全性高及穿透性强等。

频率越高通信容量就越大，这是通信领域的基本原理。太赫兹波的频率比目前使用的微波要高 $1 \sim 4$ 个数量级，它能提供 10Gbps 以上的无线传输速度——这是微波无法达到的高度——对解决信息传输受制于带宽的问题有较大的好处。

太赫兹波用于远距离传输，显然很难有好的效果，但今天的通信网络基本上是由光网络构建而成的骨干传输网络，用基站来延伸光网络形成移动网络，用户可以在不同的基站进行随意切换，做到随时随地不掉线，又可以支撑高速度。未来的移动通信网络，是大范围的蜂窝网络，需要进行远距离大范围覆盖，蜂窝会越来越小。未来的网络会是在一个庞大的光网络下，通过以家庭为主要单位的众多小基站，形成一个超高密度、超高速度、密集部署的网络体系。在这个体系中，人口密集地区要实现高速度传输，太赫兹技术能利用高速度、大容量和高穿透性，实现办公和家庭环境的部署。

电磁波频段越高，绕射、穿透的能力就越差，毫米波很难有穿透能力，因此在城市里，无论是办公还是家庭环境部署都存在较大问题，而太赫兹技术因为接近光波，具有较好的穿透性，同时它不需要和其他行业争抢频谱，故而可以实现大带宽。正是因为这些特性，太赫兹技术特别适合在城市人口密集地区的办公和家庭环境进行部署，这些地方距离不是问题，但带宽和穿透性却是大问题。

通信网络更加智能化

未来，AI 功能会越来越多地引入通信网络，将其变成一个智能化的网络。

在传统的通信网络中，管道、管理、业务三位一体由电信运营商提供，但电信运营商只承载语音一种业务，管理也非常简单化。到了 5G 时代，网络会变得更加复杂。如果我们修建多个通信网络，也就是建立多个管道体系，不仅会大大增加社会成本，社会资源也不够。举一个简单的例子。城市有电力、电信、污水等多个系统，都需要管道，如果每一个系统都自己建设一个管道，不但成本高，而且管理起来非常困难，这就需要用一个管道来共享资源。

随着 5G 的发展，通信网络远不再是人类之间进行语音通信的网络，也不只是可以提供上网业务的网络，还会承载大量的物联网业务、城市管理业务、智能交通业务、智慧家庭业务，而且不同业务的安全性、优先级、资源分配都是不同的。这样的一个网络，必须建立起强大的智能化管理模式，对不同的业务和用户进行智能化管理。基于此，必须在网络中融入 AI 技术，对不同的用户、用户行为和终端进行识别，并在此基础上进行资源分配和资费管理。

一个值得探讨的问题是，未来的 6G 网络，是一个复杂的网络体系，对资源的要求极高，那么是否需要在一个国家建立几个网络呢？一方面资源非常有限，另一方面网络之间的互相干扰也是很大的问题。当网络深入到社会的每一个角落时，如果一个角落覆盖三套或更多网络，不仅浪费资源，网络的品质也会受到影响。

基于此，6G 时代应该探索在一个国家只建设一个全覆盖的网络，如此一来，不仅可以充分利用资源，减少每一个地方配置几套设备的浪费，还可大大减少站址租用的成本，也避免了网络之间的干扰。这样的一个网络，品质更高，占用的资源更少，对用户的影响也会更小。

当然，也不可能把多个运营商合并为一个运营商，完全没有竞争，这就需要网络和业务进行分离：多家运营商利用同一个网络提供各自的业务。电信运营商的竞争力，主要体现在管理、平台、研发、运营、服务和支撑等方面的能力，因为各自的能力不同，提供的服务水平有差异，用户才有不同的选择。

电信运营商在网络上建立自己的业务管理平台、计费平台、收费平台、业务支撑平台和客户服务平台，然后向个人用户、企业用户、机构用户提供不同的产品和服务。用户可用一个 ID 进行身份识别，同时使用多种不同的业务，用户不必每一个业务注册一个 ID，即一个 ID，多种业务，一笔费用。

网络也可以通过 AI 技术进行用户身份识别，然后根据不同的用户身份和终端，提供不同的网络资源和安全保证。

届时，一个国家只有一个通信网络，多层次叠加多种网络能力，运营商拼的不再是网络能力，而是研发、管理、运营、服务能力，这些应该是 6G 时代整个网络在运营管理上的新变化。

信息传输的未来何在

5G、6G 之后，人类的移动通信技术还会不断向前发展。那么，未来人类的信息传输会往哪些方向发展呢？

通信网络需要延伸到遥远的宇宙

在人类目前所能接触到的环境——天空、地面、地下、水中——都实现网络覆盖后，人类的信息通信网络会延伸到遥远的太空。6G 之后，人类的触角不应该只停留在地球上，深入探索宇宙是一个必须面对的课题。届时，人类不仅可登陆月球、火星进行科学研究，甚至长期居留，还可能到达更遥远的星球。

6G 之后的人类通信，必须面向遥远的宇宙，而在火星这样近地球的星球上，应该建立起与地球进行信息传输的通信网络。在月球或火星上建立地面站，或通过多颗通信卫星中继对星球的表面进行覆盖，构建起星球与地球之间的通信体系。

只有建立起地球和某个星球之间的通信系统，这个星球才会纳入地球的生活系统中，人们才有可能对其进行系统考察研究，并真正了解这个星球的情况。拥有了通信系统后，地球上的人类和其他星球的交流会变得通畅，不同星球的人生活在一个体系中，远在太空的人类也不再孤独。

最早建立起的地球与其他星球的星地通信，采用的是超长波和长波，可以实现较好的远距离传输，也比较容易建立。但是这样的网络传输的信息量小，带宽较小，无法真正做到大量信息的传输。这就需要采用超高频的厘米波进行网络部署，并通过多颗卫星进行信号中继，最终实现较大带宽的传输。可以在近地星球中建立起一个以地球为核心的通信网络，这个网络可以支持最初的文字和语音通信，最终实现高速度、高清晰度的视频通信。

在宇宙间通过多颗卫星建立起类似于地面站的通信网络，把多个星球连接起来，这种高效率通信网络的形成，可以让大量的科研活动，从单一的、不连续的、难以全面监测的观察研究，转变为连续的、全面的、系统的研究。不过，对于浩瀚的宇宙，人类所知还不够多，一个覆盖更广的宇宙通信网，将是人类迈向宇宙的重要一步。未来更长远的目标，是在其他星球进行科学考察和研究，进行人类移民，而要达到这些远大目标，建立起星球与地球之间畅通的通信联系，是最基本的要求。

这样的通信网络不应该是单点、偶然、不连续的通信，也不能速度低，信息少，为此，不仅要考虑采用何种技术，是用无线电波、光波，还是其他介质，还要研究如何满足宇宙通信长距离、高速度、抗干扰的要求。可以考虑在月球、火星这些近地星球上建立地面站进行通信覆盖，并建立大型通信转发站提供稳定的网络支撑。

宇宙通信除了要考虑采用哪些传输技术，以保证进行长距离传输，实现较大的带宽和较高的速度，抵抗宇宙间的各种干扰，实现高安全性以外，还要考虑能源的供应。在其他星球上建立星地通信，如何提供能源支持是个大问题，还有待技术不断发展，争取早日最终解决。

无论如何，人类都会把通信网络逐渐从地球延伸到宇宙中。人类生活的空间，也会从地球拓展到更远的其他星球。

人类通信要突破频谱瓶颈

长期以来，人类的移动通信必须依赖无线电进行信息传输。超长波（甚低频）的传输距离远，具有很强的穿透能力，可以进行潜艇与岸上的通信、海上导航等。长波（低频）能传输较远距离，穿透、绕射能力强，可以在大气层内的中等距离进行通信，包括进行地下岩层通信、海上导航。中波（中频）被广泛用于广播和海上导航。短波（高频）被用于远距离短波通信和短波广播。超短波（甚高频）的传输距离较远，而且带宽大大增加，被用于多种通信模式，比如：电离层散射通信（30MHz～60MHz）、流星余迹通信（30MHz～100MHz）、人造电离层通信（30MHz～144MHz），对大气层内、外空间飞行体（飞机、导弹、卫星）通信，对大气层内电视、雷达、导航、移动通信。分米波（特高频）传输距离较小，穿透和绕射能力也较弱，主要用于对流层工散射通信（700MHz～1 000MHz）、小容量（8～12 路）微波接力通信（352MHz～420MHz）、中容量（120 路）微波接力通信（1 700MHz～2 400MHz），而 4G 和 5G 的移动通信也广泛采用这个频段。厘米波（超高频）拥有更大的带宽，但穿透能力更差，被用于大容量(2 500 路、6 000 路)微波接力通信（3 600MHz～4 200MHz，5 850MHz～8 500MHz）、数字通信、卫星通信、波导通信。毫米波（极高频）拥有更大的带宽，但传输距离更近，穿透能力差，被用于穿入大气层时的通信。为了获得更大的带宽，以前认为不可能用于移动通信的毫米波，如今也开始受到关注，用于近距离、高速度的移动通信。

对于通信而言，频谱永远是一个无法突破的瓶颈。要进行通信，必须要占用频谱资源，而有价值的频谱资源是有限的。打破频谱的限制，寻找其他的介质是一个可行的出路。我们可以把频谱扩大到太赫兹，但它的资源依然是有限的，更为重要的是，其可能还会受到太多的外在条件影响和限制。

在古老的通信模式中，最先进的通信系统是驿站，通过几十公里一处的驿站，可以在一天之内把信息传送到千里之外，但这样一个庞大、高效率的系统，只有权贵才能使用。要建立起低成本、更高效率的远距离通信，当时的技术条件不具备，人们也很难想象，如果没有一站一站的接力，如何把信息送到千里之外。

到了近代，随着通信技术的发展，人类发现了无线电的存在，电波可以传到千里之外，而且成本非常低，不需要一站一站的接力。当然，对于古代从事通信工作的人来说，电波传输不能把信息变成书面信件，用处不大，直到编码技术的出现，电波实现了把文字传到千里之外的目标。此后，电报、电话、广播、互联网的出现，完全颠覆了古代通信的功能，今天的通信更是早已脱离了驿站的模式，不需要实体的信息传输。

对于今天从事通信工作的人们来说，要进行通信，要么采用电波，要么采用光波。进行远距离的信息传输，光波和电波是当下效率最高的工具，因此，摆脱光波和电波是不可想象的。

在古代通信体系中，我们只能让马跑得更快，以提升信息传输速度。即使后来把交通工具换成汽车、火车，乃至飞机，速度的提升仍然非常有限。只有介质的改变才是革命性的，才能让信息传输的速度从原来的天、小时、分钟转变为秒、毫秒。在光波和电波的体系下进行效率提升是有价值的，但这个体系的资源和速度却又是有限的。

怎么办？要打破频谱的限制，量子通信将是突破口。

光量子通信主要基于量子纠缠态的理论，使用量子隐形传态（传输）的方式实现信息传递。科学家通过实验验证，具有纠缠态的两个粒子无论相距多远，只要一个发生变化，另一个也会瞬间发生变化。利用这个特性就可以实现光量子通信，具体实现过程为：事先构建一对具有纠缠态的粒子，将两个粒子分别放在通信双方，将具有未知量子态的粒子与发送方的粒子进行联合测量，则接收方的粒子瞬间发生变化，变为某种状态，这个状态与发送方的粒子变化后的状态是对称的，然后将联合测量的信息通过经典信道传送给接收方，接收方根据接收到的信息对坍塌的粒子进行幺正变换，即可得到与发送方完全相同的未知量子态。

在量子纠缠的过程中，一个量子态可以同时表示 0 和 1 两个数字，7 个这样的量子态就可以同时表示 128 个状态或 128 个数字：0～127。一次这样的光量子通信传输，就相当于 128 次经典通信方式，传输效率惊人。

当前，我们对于量子通信的理解还停留在量子密钥的传输上，而未来的量子通信则可用于量子隐形传态和量子纠缠的分发。所谓隐形传态指的是脱离实物的一种"完全"的信息传送。虽然量子通信技术还处于早期实验阶段，但未来用新的通信体系打破旧有的通信体系，取代今天的光波通信和电波通信，就如同用无线通信取代驿站一样，理论上是可行的。

建立起人脑与外部芯片的传感体系

人类通信当前面临的一个重大瓶颈，是所有的通信需要通过感官进行辨识，再在大脑中对信息进行存储和计算，然后进行判断。这个过程效率相对较低，首先要通过感官系统进行感知，经过信息转换后，通过人的神经系统将信息送到大脑进行存储，经过计算并做出判断，再把信息通过神经系统送到肢体，持续性进行信息感知，同时通过肢体做出反应。这样的过程，需要多次进行信息的转换，大大影响了信息的传输速度。

人类要突破信息传输的瓶颈，就必须突破感官的限制，把很多外界的信息直接和人的大脑联系起来，不再进行多轮转换，直接进行信息传输。

可以设想的是，在人体中植入生物芯片，把生物芯片和人脑的神经系统连接起来，大量的信息不是通过感知系统进行文字、语音、图片的转换并形成信息，而是直接发送到人脑中，把这些信息存储在生物芯片上，实现碳基的生物存储、计算和硅基的存储、计算完全融合。这是人类未来通信领域的终极突破，大量的信息不是通过感官系统进行信息转换，而是直达大脑，从而重塑人类。

如今，神经元芯片已经研制成功，它是一个带有多个处理器、读写/只读存储器（RAM 和 ROM）以及通信和 I/O 接口的单芯片系统。只读存储器包含一个操作系统、LonTalk 协议和 I/O 功能库。芯片上有用于配置数据和应用程序编程的非易失性存储器，并且二者都可以通过网络下载。也就是说，这个神经元芯片本身就是一个存储器，同时又具有通信功能。不过，它的功能还不够强大，仍需要不断完善与提升。

科学家的梦想是，未来，神经元芯片是"活"的，生物体和芯片融为一体，脑细胞和硅电路融为一体，在脑细胞中存储的信息，如知识、梦境、记忆，可以自由地在脑细胞和芯片之间进行转移、复制、提取。如果做到这一步，很多知识和相关信息不再需要通过学习这样一个漫长而复杂的过程，而是通过芯片中信息的转移，被人瞬间掌握。

届时，信息的传输不再是传统思维理解的模式：通过人类的五官进行感知，把感知的信息送到大脑中，进行分析、归纳、条理化，形成知识与记忆，再送至大脑的记忆分区进行存储。相当多的信息，可以直接跳过感官进行存储，也可以被大脑进行搜索、调用，最后参与计算与分析。这是人类信息传输方式的一次实质性改变，存储的效率会提升千倍，会对人的生物特性、伦理与道德产生巨大的冲击和影响。我们会直面"人还是人吗"的拷问，同时人与人之间的智力水平也会更加不平等，个体之间会出现巨大的差异。

为了追求更新的信息传输方式，科学家始终没有停止探索的脚步。如今，研究人员已经可以在 1 平方毫米大小的硅片上安装 16 000 个电子晶体管和数百个电容器，然后用大脑中发现的一种特别的蛋白质将脑细胞黏到芯片上，且不是把这种蛋白质作为一种简单的黏合剂，而是把神经细胞的离子通道和半导体材料连在一起，这样一来，神经细胞的电子信号便可以传送到硅芯片上，然后通过蛋白质捕捉到脑电波的变化，把脑细胞的信息转化为电子信号，并进行解释，进行信息的存储和记录。神经芯片上的电子元器件和活体细胞形成了彼此可以沟通的联系，神经细胞发出的电子信号被芯片的晶体管记录下来。更长远来看，这些被记录下来的电子信号可以进行理解和编译，最后把人脑的信息存储和电子信息打通，成为相互可以理解的一个完整信息系统。这样人就完成了一次改造，从生物人被改造成生物人与硅基人的融合。在一定程度上说，人开始向新的物种发展。

能源存储将取得突破

支持生物体最为关键的能力有两个，一个是能量，一个是信息。能量是维持一个生命体存在的基础，而信息则是让这个生命体具有智慧的基础。

人类的发展进化史，就是在不断提升能量和信息这两个维度上展开的。能量的获得需要不断地摄入植物和肉类，这是人类生存的基础。漫长的人类发展史，可以说是人类为了获得能量补充想尽一切办法的历史。无论是早期的直立行走、工具发明，还是再到形成群居社会，直至国家的出现，人类的一个重要目标就是获取更多的能量，尽可能地占有资源，以获取长远的生存机会。

进入工业化时代后，各种机器出现，它们的运转需要能源，能源就从早期的生物类过渡到煤、天然气、石油、页岩油等石化产品。这些能源支持机器的运转，大大提升了人类社会的工作效率，促进了人类文明的发展。为了确保自己处于有利位置，争夺能源便成为近代以来战争和政治更迭的导火索。

当下，能源的获取更加多元化，有风能、太阳能、潮汐能、水能、核能……众所周知，生物能源、化石能源相对有限，但当很多能源都可以转化为电能时，人类获取能源的途径就变得无限了，因为很多能源可以再生，甚至用之不竭，比如说风能和太阳能。

在早期的生物能源时代，能源是以实物形态存在的，比如粮食、肉食等，保存和运输是一个很大的问题，需要道路、交通工具、存储工具，耗费大量的人力财力。其中，肉食的保存更加复杂，为此，人类想办法做成腌制产品和冷冻产品。总之，那时的存储和运输体系复杂，效率较低。

煤、石油、天然气这些化石能源的保存和运输同样存在较大问题：煤体积庞大；天然气不但体积庞大，同时需要专用设备进行运输，才不会流失；石油体积大，需要专用设备保存和运输，还容易产生环境污染。化石能源的制成品，如煤油、柴油、汽油等，运输非常不方便，存在较大的安全隐患。不过，因为效率较高，化石能源在今天的能源结构中仍然占比较大，但一个不得不面对的现实问题是，这些能源不可再生，会逐渐枯竭。

电能的出现，很好地解决了能源运输和存储这两大难题。通过电缆，电能可以实现远距离传输，庞大的电网让电能的传输四通八达，方便、清洁、安全地进入家庭和工作环境，这是改变近现代社会的重要力量。电能可以让计算机这样的产品完成计算和存储各项工作。电还可以进行存储，携带安全方便。电池让能源可以高效率、清洁、方便地进行转移，让众多的工具可以拥有能量进行工作。比如，手机、笔记本电脑等需要电能支持的产品，因为有了电池这个可移动的能源存储设备，能随时随地工作。

能源的升级和信息的革命是交替进行的。人类在获得了足够的能源支持后，渐渐创造出语言用于信息的交流，通过信息交流提升了能力后，又反过来继续寻找能源升级的手段。

人类的信息传输经历了语言、文字、印刷、无线电、电视、互联网等多个发展阶段。除了传输，信息的存储是一个大问题。很长时间以来，人类的信息是存储在纸这种介质上的。纸的出现，为人类文明做出了巨大贡献，它是文化、历史的重要载体，但纸的生产成本高，保存的时间不够长，存储的信息也非常有限，一本几十万字的图书部头很大，携带起来不方便。为了满足人们对知识的渴求，人类建设图书馆专门存储图书，并供读者借阅。在较长一段时间里，图书馆是信息存储和交互的枢纽，被称为人类知识的宝库。但这种模式把很多普通人挡在门外，信息的传输依然面临较大问题。

随着人类文明的发展和时代需要，要提高信息的存储量，就必须找到新的存储介质，这种介质需要提高传输速度，让信息得到更方便的传输和大规模、便捷化的使用。硅的出现，使人类世界的信息存储和传输获得了革命性的改变。

1787 年，拉瓦锡首次发现硅存在于岩石中。在石英、玛瑙、燧石和普通的滩石中就可以发现硅元素。硅也是建筑材料水泥、砖和玻璃中的主要成分。硅意外地成为信息传输的重要载体，成为大多数半导体和微电子芯片的主要原料。

计算机技术的出现，让存储信息完全不同于纸媒时代，人类进入信息爆炸时代。计算机技术的综合特性明显，与电子工程、应用物理、机械工程、现代通信技术和数学等学科联系紧密，第一台通用电子计算机 ENIAC 就是以当时的雷达脉冲技术、核物理电子计数技术、通信技术等为基础的。微电子技术的发展，对计算机技术产生了重大影响，二者相互渗透。与此同时，应用物理方面的成就，为计算机技术的大发展提供了基础条件。

其中，磁记录技术是计算机进行信息存储的一个重要步骤，该技术在不知不觉中掀起了一场人类历史上信息存储的革命。相比纸张，磁记录的信息量更大，信息也更加丰富，除了文字之外，还可以存储图片、声音、影像等，这让人类的信息存储能力达到一个前所未有的高度。最早的磁记录技术被用于唱片、磁带这些有声信息的存储。

硅的存储能力又大大超过了磁带，一小块芯片存储的信息足以超过一个图书馆。伴随着计算机小型化、手机智能化以及云时代的到来，硅存储的价值还在于可实现高速度的传输。

在纸媒时代，社会上有很多"大师"，所谓"大师"，就是信息垄断者。因为那时信息存储量少，流动性差，获取信息是一件高成本的事，信息成为稀缺资源。在此情况下，大多数人没有机会接触到更多的信息，而信息垄断者就成为学富五车的大师和泰斗，因为拥有知识而享有特权，社会对大师的尊敬与崇拜成为特有的文化现象。

随着磁记录和硅记录技术的出现，加上微型计算机和手机的普及，云计算渗透到社会生活的每一个角落，信息可以高速度大量流动。如今，我们已经不一定非得需要图书馆这样的场所来存储或交流信息，很多人已经多年不去图书馆。当然不去不代表不学习不阅读，不接收新信息，很多人通过网络渠道获取信息。现如今，只要你愿意花时间学习，都可以通过网络找到想要的资料。在信息大爆炸时代，随着渠道的增加，获取信息更加方便快捷，成本也大大降低，机会趋于平等，"大师"开始快速减少，原因是如今已经没有或很难有信息垄断者。从这个意义上来说，打破信息传输的限制，技术尽量做到低成本和高效率，人类文明会大大加速。

更重要的是，磁存储和硅存储的出现，还让人类的思想、文化发生了巨大变化，也为大数据、人工智能的到来奠定了基础。

在解决了信息的大规模存储和高速度流通之后，能源的存储也是人类需要解决的重大课题之一。

如今，人类获取能源的手段越来越丰富。绿色能源如水能、风能、太阳能和潮汐能都能转换为电能，但一个现实问题是，存储面临较大问题，很难并网使用。以太阳能为例，白天有太阳，能发电，小规模的普通照明用电需求量并不大，基本能够满足。但晚上需要电时，却没有太阳，因此很难发电。风电、潮汐电等也是如此，非常不稳定，很难进行精准控制。

随着 5G 以及智能互联网时代的到来，大量的智能设备驱动都需要电能，这些设备已经摆脱了固定的位置，需要移动使用，比如智能汽车等各种交通工具，而大量的手机、平板电脑，还有物联网设备，不可能经常更换电池或充电，因此需要确保能源的长时间供应。

5G 时代，手机上网速度越来越快，屏幕越来越大，但如果每天需要充电或者一天充电几次，会让体验感大大降低，也极不方便。而众多的物联网产品需要长时间工作或待机，也不适合每天都要充电。这些都需要有较大存储容量的电池来改变这种困局。

电池的发展经历了碳性电池、碱性锌锰电池、可充电镍氢电池、锂电池等几个阶段。随着技术进步，电池的发展不断向高密度、大容量、小体积、柔性化发展，今天智能手机能够快速普及，与电池技术的发展密不可分。换句话说，如果没有电池技术的进步，移动通信基本不可能实现。但是，一个困局是，锂电池已经到了极限，很难再增加容量，很难满足 5G 和人工智能时代更多的需求，因此，人类需要寻找新材料，研发出超高密度的电池，解决能源大规模存储的难题。

从技术上来看，要解决能源大规模存储的核心是材料。在人类暂未发现比锂更好的高密度能量存储材料时，首先关注到了石墨烯的价值。石墨烯于 2004 年问世，是目前已知的最薄、强度最大、导电导热性能最好的一种新型纳米材料，厚度是头发丝的 20 万分之一，强度是钢的 200 倍，被称为"新材料之王"。石墨烯有较多的优质特性：坚固耐磨损、导热性优异、导电性好、耐高温、耐低温，能在 -30℃～80℃ 的环境下工作。虽然石墨烯对于提高能量密度没有帮助，但可以大大提升充电速度，让智能汽车"充电 10 分钟行驶 1 000 公里"成为可能。换句话说，通过提高效率，大幅减少充电时间，也是一条新途径。

不过，人类在寻找新材料的路上永远不会停止脚步。除了石墨烯之外，未来能否找到一种可实现高密度电能存储的材料，需要不断进行筛选，找出不同材料不同的特点。此外，除了寻找新材料，如何在现有材料基础上，通过改变配方找到更多提高能量密度的办法，降低成本，寻求更大突破，也是值得探索的路径。

从纸的信息存储到硅的信息存储，人类实现了一次又一次的信息存储革命，基本摆脱了信息的垄断和限制，打破了信息鸿沟。在下一个 50 年或更长的时间里，人类要解决的关键难点，是能源的大规模存储，如果这个问题能得到较好的解决，人类社会还会出现更加令人惊奇的巨大变化。

社会伦理道德面临巨变

从历史来看，一个社会哲学、道德、伦理、思想、文化、宗教的决定力量是技术的发展与变革。技术的发展，将会导致物质基础的改变，也意味着可分配物质的多少。换句话说，在一定的物质条件下，就会有与之相适应的哲学、道德、文化和伦理。可以说，人类的一切思想都不可能超越技术发展和物质基础，一切理论也都受制于技术背景下的物质能力。一个不变的事实是，天然具有活跃性的技术永远在改变物质世界。

人类提升技术的动力，是与生俱来的，它根植于人类的内心深处，更是生存和发展的需要。

儒学之所以在春秋时期产生，是社会经济发展的结果。汉代独尊儒术的出现，是在改朝换代后，经历了较长时期的社会稳定和经济发展，统治阶级亟须加强中央集权统治。出于维护统治的需要，进而对各种思想进行整合，取己所需。"天人感应，君权神授""天者，万物之祖，万物非天不生""人之为人，本于天也。天亦人之曾祖父也，此人之所以乃上类天也。人之行体，化天数而成"，这些思想的提出，一个核心目标就是强调君权神授，把君权和神权统一，形成君权的宗教化，用于强化自己的统治地位。

此后，千年中国的思想、文化以儒教为主体，除了为统治阶级服务，同时也与农业社会的发展相适应。随着工业革命的到来，绵延了几千年的中国儒教受到冲击，尤其是在新时代技术和经济发展取得较大进步的背景下，外来的坚船利炮打破了原有封闭的文化、思想。受此影响，儒教分崩离析。导致这一现象的根本原因，不是思想上出现了什么了不起的变化，而是在技术变革的推动下，在社会、经济、军事等基础上，催生出了新思想与新文化。

第一次工业革命，蒸汽机的使用改变了人类的面貌。蒸汽火车改变了人们对于速度的认识，坐在火车上，看到飞奔的马车快速后退，这是一种前所未有的新体验。与此同时，蒸汽机生产线上，机器零件如魔鬼般的自动化节奏，让人们领略了技术的威力。

机器的使用，给人类的行为和思想带来巨大变化，特别是之前在较长时间被视为真理的东西不断被新生事物打破，新的规则被建立起来。比如，和很多具有历史意义的新产品一样，早期的汽车只有少数富人能够使用，一般民众没有机会乘坐。随着时间的推移，研究人员发现单辆汽车的生产成本并不高，可以让更多的人受益于这一发明，于是数十人共同乘坐的汽车——公共汽车——诞生了。

公共汽车的特点是多人可以共同乘坐，作为一种共有产品，它解决了普通大众不能使用新发明成果的问题。公共汽车的出现，给了人类更多启示，就是如何让更多的人共同使用和分享一种新产品。这种新想法催生了一个新概念：公共产品。

在技术快速发展的背景下，社会物质财富得到巨大的提升，人与人、人与自然、人与社会之间的关系发生了巨大变化，新的社会关系开始出现。

100 年前，对于同性恋，绝大多数地区的人都不能容忍，因为繁衍是人类的基本要求，而同性恋无法实现这个要求，当事人彼此再有感情，也不为社会所接受，况且它与当时的社会伦理和道德相违背。随着社会发展和人类文明进步，到了 21 世纪，人类社会对于同性恋的态度发生了变化，开始逐渐接受。

这种进步和变化，正是建立在社会物质取得大发展的基础上，因为当下人类繁衍的重要性有所下降，而这一切又基于粮食产量的大大提升，婴儿存活率的提高，社会保障体系的更加完善，人类对"不孝有三、无后为大"的恐惧感没有以前那么强烈。由此，人类对繁衍的渴求，让位于爱、自由、理解和尊重。

物质的变化也在影响着国家的政策与法律。20 世纪 70 年代末，计划生育政策被我国社会精英阶层广泛传播与接受，到了 80 年代初，计划生育被确定为基本国策。这一认知的前提是，人口寿命在增加，婴儿存活率在上升，人口出生率在增加，但社会物质生产的水平却并不高，即社会物质增长的水平赶不上人口的增长速度。因此，当时除了思想较为落后的农村地区，社会的精英阶层都理解并支持计划生育国策。

经过 30 多年的发展，今天计划生育政策出现松动，甚至逐渐开始鼓励生育，这是基于物质生产能力的大大提升，人们的认知和思维随之发生新的转变。比如，得益于化肥和农药的大规模使用，我国的粮食产量得到较大提高。1980 年，中国的粮食产量约 34 250 万吨，到 2016 年，粮食产量达到 61 624 万吨，翻了近一倍；与此同时，棉花、油料、蔬菜、水果、猪牛羊禽等农副产品的产量也出现大幅增长，且增长速度远远超过了人口的增长速度，相同的土地和资源，已经可以养活更多的人。

此外，受到新技术的推动，工业、建筑等领域的生产能力也出现了惊人的爆发。我们已经从过去的物资匮乏社会，发展成为产能过剩社会，如果没有更多的人来消费，生产出来的产品就会被浪费，经济就会陷入低迷。因此，适当增加人口，放宽计划生育政策的呼声逐步被人们接受，政府也审时度势，对政策进行相应调整。

计划生育政策的变化，同样证明了技术的发展变化是物质生产能力提升的基础，而物质生产能力的提升势必带来政策、思想的变化，最终导致整个社会价值观发生变化。

5G 之后人类将逐渐走向智能共产主义

5G 之后的人类社会，将逐渐进入一个智能时代，这个时代会引领人类在社会结构、思想、文化等诸多方面发生巨大的变化，甚至将迎来智能共产主义时代。

人类最初对共产主义的理解就是公共产品可以共同拥有，多数人共享。恩格斯曾经在《共产主义原理》一书中专门论述了共产主义的原理和实现条件：无产阶级革命将建立民主的国家制度，从而直接或间接地建立无产阶级的政治统治。在英国可以直接建立，因为那里的无产者现在已占人民的大多数。在法国和德国可以间接建立，因为这两个国家的大多数人民不仅是无产者，而且还有小农和小资产者，小农和小资产者正处在转变为无产阶级的过渡阶段，他们的一切政治利益的实现都越来越依赖无产阶级，因而他们很快就会同意无产阶级的要求。这也许还需要第二次斗争，但是，这次斗争只能以无产阶级的胜利而告终。

科学社会主义理论也认为，共产主义革命发展的快慢要看这个国家是否有较发达的工业、较多的财富和比较大量的生产力。这一理论主张共产主义社会实现的历史条件主要包括如下几点：社会生产力高度发展，科技极度发达，劳动生产率空前提高，劳动时间大大缩短，社会产品极大丰富；一切私人劳动和小规模生产都被社会化大生产取代，全体社会成员共同占有生产资料，商品和货币消亡；人人生而平等，消灭工农差别、城乡差别、脑力劳动和体力劳动的歧视差别；由于生产方式的改变，旧的社会分工的消亡，每个社会成员将获得自由和全面的发展；整个社会有计划地按照不同人的需要进行大规模定制生产；实行各尽其能、按需分配原则，不过按需分配仍取决于人的能力贡献大小；没有阶级，"对人的奴役"被"对物的管理"取代，国家机器将自行消亡，但惩治犯罪的机关仍然存在；随着经济上的一切压迫和奴役制度消亡，阶级社会的一切不平等的道德观念和宗教等也随之消亡……

显然，科学社会主义理论没有预见到智能互联网的出现，更无法知晓人工智能会出现，也不可能预测到智能社会的发展会给人性和人的思维习惯带来何种冲击与影响。事实上，随着人工智能时代的到来，新的价值观和人生态度正悄然重建。在物质生产过程中，伴随着生产率的提高，少部分人即可以胜任此前需要许多人才能完成的工作，人工智能将替代大多数服务性岗位。对部分人而言，不工作就可以生活，甚至对一个社会来说，到时缺乏的不是生产能力，而是消费能力。未来，人类社会应该如何面对这种新变化，是摆在我们面前的一大课题。

人工智能和物质极大丰富阶段会比想象来得更快

过去，社会生产活动由所有人参与，否则社会就没有能力来养活众多人口，如今这个时代正在过去，社会生产活动正变得高度集中，由少数人来完成，这一趋势正在加快，速度甚至超过我们的想象。

人类历史上的信息革命，后一次到来的时间都比前一次大大缩短。第一次信息革命，语言的出现，距今已有百万年；第二次信息革命，文字的发明，距今约有 5 000 年；第三次信息革命，纸和印刷术的发明，距今不过 3 000 年；第四次信息革命，无线电的发明和广泛使用，至今不过 300 年；第五次信息革命，电视的发明和使用，更是不过百年；第六次信息革命，互联网的出现，距今只有 60 年。

工业革命的出现，让人类的物质财富进入一个高速度发展的时期，物理距离变短了，时间变快了。尤其是大量用于提升产量和劳动效率的机器被发明出来，使得人类对粮食、钢铁、能源的占有高速提升。比如：汽车、飞机、轮船等拥有较高速度的交通工具被发明出来，广泛用于交通；拖拉机、收割机、脱粒机、烘干机、播种机等机械被用于大规模的农业生产；化肥、农药、除草剂等被用于农业耕作，加上科学选种、育种、改良，使农产品的产量大大增加。

很显然，工业革命极大地增加了社会财富，而 5G 之后的智能社会则会让社会财富的增长达到更加惊人的程度。

人类社会赖以生存的基础是农业，很长时间以来，人们一直认为农业很难实现大机器生产，很难进行工业化改造。但事实是，工业化的力量如今已经进入农业生产。2017 年，我曾经去北大荒调研，1947 年之前，北大荒基本上是一片荒地，20 世纪 50－60 年代进行了多轮开发，今天的北大荒已经可以生产供 1.2 亿人吃的粮食，其中 98% 是商品粮，也就是说本地人只消耗很少的粮食就可以生产出大量的产品。在当地，一万亩一块的地有千块之多，优选育种和大机械生产已经成为现实，土地上只有少量的农民进行机械操作。20 世纪 50 年代，一亩地的水稻产量只有 300 公斤，今天亩产 1 000 公斤成为常态。而机械化作业，让生产过程中的消耗也大大降低。

未来，智能化技术的介入，将进一步提高人类粮食的产量。几千年来，粮食生产主要靠天吃饭，人们对于天气无法预测，对天气的抵抗能力比较差，对土地的了解也很少。在智能化时代，人类不仅可以预测天气，还能根据生产的需要对天气进行有效干预。在粮食生产过程中，以前无法解决的难题也可以通过机器来实现，比如以前碰到阴雨天气，大量的粮食会发芽、霉变，今后完全可以通过大型烘干设备进行烘干和存储。

在智能化时代，每一块土地在耕作前都能做到科学监控和管理，如土地的温度、含水量、微量元素、土地肥沃度都能得到有效的监测，然后进行有针对性的分析，按照实际需要进行施肥，以保证粮食生产的最佳条件，再辅以优选育种、基因改造，粮食产量和生产效率会大大提高。

不仅是粮食，蔬菜的种植也会进入工业化时代。过去，蔬菜最初是在边角地块按照最原始的方式进行种植，后来逐渐转向大田生产，如今大棚开始成为蔬菜生产的主要形式。未来，蔬菜种植会被标准化的厂房所取代，到时蔬菜将根据市场需要进行定制化生产，厂房里的温度、光照、湿度可以自行调节，使其满足蔬菜生长的最佳状态。基肥、各种微量元素的含量可根据蔬菜的需要进行配比调整。在这种蔬菜工厂中，不会出现病虫害，所以不需要使用农药，安全性提升，生产速度加快，品质也会大幅提高。

可以预见，养殖也会走向工厂化。以鱼类为例，鲥鱼是一种必须生活在活水中的洄游鱼，人工养殖难度极大。如果是智能工厂化养殖，可以通过模拟鲥鱼的生活环境进行育苗，再模拟鲥鱼的生活环境建立洄流，从而大规模养殖这一珍稀品种。

如今，绝大多数国家对于食物的基本需求已经解决，正逐步朝着高品质、更安全的方向发展。随着智能时代的到来，粮食问题将得到更好的解决，进行粮食生产的人口也会急剧减少。未来 50 年，农民这个职业会逐渐衰落，传统意义上的农民将不复存在，农民的工作将会逐步由农工所替代。在此过程中，还会伴随着乡村的减少直至消失。而社会的转型，也会促使大量的农民进入城市，农工在总人口中的占比会越来越低，粮食生产与经营只需要极少的人负责，从种子、种植、收割到销售，大资本都会参与其中，形成一个高效率的体系。

后 5G 时代，智能化也会让工业生产的效率更高，变得更加体系化，产业工人会大幅减少，最为典型的表现是在电子产品制造领域。

全世界曾经有数百家做手机的企业，今天已经收缩到几十家，而且主要集中在中国，每个企业无论是品牌，还是代工，都非常集中。目前，由于智能化水平越来越高，生产线上的工人越来越少。2015 年，华为松山湖生产基地一条生产线有 128 名工人，2017 年减少到 28 人，2018 年更是减少到 19 人。

从产业集中度来看，全世界使用的手机，大多数都来自几个工厂，不仅整机逐渐集中，配件也向少数企业集中，而最底层的芯片，能做设计和封装、测试的企业寥寥无几。其中，最基础的光刻机，能够生产的企业只有几家。几家、十几家企业生产的产品，可以供全球几十亿人口使用，这在以前是不可想象的。至于其他企业，因为效率等多方面的问题，完全失去了同台竞争的能力。

5G 之后的工业生产，智能化的进程会大大加快，"智能"二字将扮演更加重要的角色。以空调为例，传统功能很简单，能提供制冷或加热即可满足日常需求。随着技术的发展，后来加入了除湿、节能等功能，但这些能力都是独立的，空调只要具备这些功能，都可以使用。未来的智能化时代，会将产品变成一个服务系统，同一个品牌或同一平台的产品，除了空调之外，还会有空气净化器、除湿器、加湿器、暖气，这些产品都和具备环境监测功能的仪器相联，在充分分析环境的情况下，进行智能化决策，满足多种需求。届时，如果企业生产的空调产品功能太单一，用户体验会大大降低，而有能力提供丰富服务的企业，只能是少数。对一个国家来说，生产相同产品的平台不会太多，众多的小企业将失去竞争机会。

社会服务业也会在智能化时代发生巨大变化，对服务人员的需求势必会减少。零售业曾经是最庞大、最细分的行业之一，它需要渗透到社会的每一个角落，参与零售活动的有不计其数的小店和摊贩。此后，大工业时代的超级市场挤压了大部分小店的生存空间。而在智能化时代，电子商务尤其是移动电子商务流行，几家庞大的平台取代很多普通小店，无人售货、电子支付、无人机和无人货车进入销售的各个环节，商品的运输更加多样化，还可以在约定时间送货。这样的系统一旦建立起来，曾经庞大而分散的零售业会被集中起来，从采购、配送、分装到最后送至用户手中，智能化会让效率大幅提高，运营商的成本会大为降低，过去随处可见的大量从业者会逐渐退出这个行业。

智能化也会让酒店服务、餐厅服务等大量采用机器人来完成，对于标准的冲咖啡、清理桌子等工作，机器人很快就能驾轻就熟，这些领域的员工也将退出。

总之，过去人们一直期盼的物质极大丰富，到来的速度可能会超出我们的预期，而导致这一结果的根本力量就是人工智能。

低欲望社会让按需分配成为可能

较长时间以来，人们对于按需分配是充满疑虑的，因为即便物质极大丰富，但人的欲望是无止境的。按需分配是不是每个人要住一套别墅，要配一辆保时捷？其实，这种分配是不可能满足的。科学社会主义理论也认为按需分配以人的需要作为劳动产品分配的唯一根据，而不是随意满足所有人的任何欲望。更为重要的是，随着物质的极大丰富，普通人获得物质并不太困难，人类会迎来一个低欲望的社会。

欲望是一种动物本能，是由需求引起的渴望，是在需求的前提下，对于满足的向往。产生欲望的最大动力是短缺，这是人性最原始的本能之一。在人的心里，某种东西很希望得到却得不到，才能刺激欲望。如果想什么有什么，想得到就能得到，或是不需要付出太多的努力就能得到，就很难让人产生欲望。

20 世纪五六十年代，中国人对于物质的欲望很高，因为人们自幼挨过饿，对于饥饿有本能的恐惧，而改革开放之后，面对外部世界，人们存在一定的心理落差，对物质的渴求在内心形成强烈的冲动。对于这一代人而言，他们当时很难理解低欲望，这也说明了欲望是因短缺、差距造成的势能。

在物质短缺时代，人们对于物质占有有较高的需求。比如，鸡蛋需要凭票供应，人们不但会把可以凭票购买的鸡蛋都买回来，而且还会尽可能多地囤积鸡蛋。此后，随着经济搞活，物质不断丰富，对鸡蛋的需求能够完全满足，鸡蛋随时可以买到，大家反而不会购买更多的鸡蛋，只会吃多少买多少，因为那种焦虑感消失了。

欲望的高低与物质的满足程度成反比，越短缺，越容易产生欲望，而容易得到满足，欲望就会大幅降低，因此，可以预见未来将进入一个低欲望的社会。

随着物质的极大丰富，人们获得基本生活用品不再那么困难，人类社会将开始面对低欲望的考验。在经济较为发达的国家和地区，如北欧、日本等，低欲望正成为新的问题。

通常来说，低欲望社会具有三个基本特征：

（1）少子化。不生孩子是低欲望社会的一个重要标志。过去，多子多福、养儿防老的观念深入人心，生孩子是家族兴旺、老年生活更有保障的观念推动着人类繁衍。如今，不愿意生孩子的人开始增多，这是由两方面原因造成的：一方面是生孩子、养孩子的成本太高，父母付出较多，承担的压力也大，对很多家庭而言，多生一个孩子会造成幸福指数下降，生活品质受到影响。在这种情况下，只生一个孩子，甚至不愿意生孩子成为很多生育适龄者的选择。另一方面，社会保障体系日趋完善，年老后，不需要孩子照顾，可以通过养老院及其他社会养老机构安度晚年。

少子化正在成为发达国家面临的一大问题，在北欧、日本等上世纪 70－80 年代就已进入发达阶段的经济体，这个问题越来越明显。如今，中国也逐步进入少子化的状态。

（2）社会固化。社会固化也是低欲望社会的一个重要标志。长期的政治和经济稳定，社会就会逐渐走向固化。底层群体要进入社会主流，投入成本高，普通人向上流动的机会越来越少，拼搏的动力就会减弱。阶层固化最大的问题出现在教育上，高层次人群不仅掌握了较多的资源，经济基础雄厚，更重要的是，他们在子女的教育投入上远远超过了其他阶层，这会造成高层次人群得到更好的教育机会和资源，而处于社会底层的人得不到较好的教育资源和发展机会，从而打击他们向上发展的进取心。换句话说，富人越来越富，穷人越来越穷，一旦整个社会失去蓬勃向上的朝气，就会失去创新精神，看起来像死水一潭。

社会固化在世界多国已经出现，中国虽然目前还没有发展到这个阶段，但这个现象值得警惕，应提前做好应对准备。

（3）啃老族盛行。当基本生活得到满足之后，一些人会失去上进心和斗志，又没有生活不下去的压力，于是开始退回到内心世界，不愿去面对过于激烈的竞争，不工作，不结婚，不生育，只依靠父母生存。如今，这种现象在社会福利较好、人情关系淡漠的社会已经出现。随着社会发展速度越来越快，这种人已经在事实上失去了参与社会竞争的基本能力，只能依靠社会福利生活，而较好的社会福利也能接受并容忍此类人群存在。

高福利社会为失去上进心的人提供了生存保障，同时随着技术快速进步，大量的普通工作完全可能用机器人来代替，对一些人而言，社会已经不需要他们工作，或是他们工作创造的价值不大，社会也有能力养活他们。

今天，在北欧、瑞士、日本等发达国家和地区，低欲望社会特征日渐明显，社会精英和普通民众两极分化，其中普通民众正在失去上进心，社会上升的通道变窄，而社会生存压力也不大。在物质基本需求方面，一定程度上正在接近按需分配。很多人不再关心技术、发明、制造与生产，也不再寻求新的发展机会，而是把精力转向体育运动、游戏、娱乐，玩乐成为生活中重要的部分。

劳动成为第一需要

5G 之后，人工智能被大量运用于社会生产，生产效率极大提高，大部分普通生活用品可能会由几个大公司生产出来供全球使用，而我们日常生活中很多的服务、大量的岗位，都可以被机器人取代。智能化社会会逐渐分化形成两种人：工作人和娱乐人。

工作人在智能社会是少数，这种人不是做普通人的工作，而是从事算法、发明、技术突破的研究，模式的构建，新材料的寻找，新方法的探索。智能社会对工作人的要求极高，比如需要较高的智力水平、丰厚的科学积累、强大的抗压能力，才能胜任工作。这种人或在某个领域有精深的研究，可以钻研得很深，是某个领域的专家；或是具有开阔的眼光，对于未来、模式、宇宙等各方面的关系有深刻的理解，有远大的规划能力。当然，工作人因为要不断的学习来提升智力，在工作中不断完善自己，也会面临各种压力。

娱乐人会逐渐成为社会的多数。目前大量的普通工作岗位，会被机器人替代。过去，很多人从事农业生产，才能生产出供所有人食用的粮食，随着农业智能化，粮食生产机械化，蔬菜、牲畜和水产品养殖工厂化，绝大多数农业人口向城市转移，从事农业生产的人口只占社会很小一部分，将出现大量剩余劳动力。

不仅农业生产会被机器取代，物流、运输系统也不需要太多的人来维护，机器将扮演主要角色。未来，只有少数环节和维护需要由人来完成，甚至某些维修工作都由机器人来完成。

可以预见，工业产品生产的大部分环节都由机器来完成。今天，无人工厂在很多领域已经出现，越是高技术、高精密的生产领域，越会走向大机器生产，手工制作意味着高成本，只有极少的领域，比如具有个人特色的艺术领域，还需要人来做。大部分领域的核心产品，全球只有几家或十余家企业生产，产品趋向标准化，生产成本更低，效率更高，普通产业工人会大幅减少，制造同样成为少数人的事。

智能化也会在服务行业大显身手，城市的交通由无人驾驶汽车、高速铁路、胶囊列车组成一个完整的智能交通体系，这个体系由一个智能交通系统来进行控制和管理，不再需要大量人口在这个系统上来管理和控制，司机和服务人员，以及其他大部分普通运营人员将退出历史舞台。

物流方面，智能送货机器人、智能无人机取代了日常的物流系统，外卖和网购商品将通过智能送货系统送到家门口，在这样的体系中，目前送货人的重要性下降，快递小哥转行成为必然。

退出一般性工作岗位的人，会转行进入娱乐行业，为社会提供娱乐。与此同时，社会上很多人因为不再需要工作，娱乐成为他们的生活内容，在娱乐过程中，可以把自己幻化为社会上的任何一种角色，身心得到极大满足。

对于工作人而言，他的回报并不是财富和物质回报，当社会财富大量增加，获得物质财富已经不那么重要了，一个富人和一个普通人，得到的物质和消耗的物质并无大的区别。智能时代，生存、安全、情感的需求已经得到解决。工作人的回报一个是控制力，一个是社会的肯定。人类需求的最高层次，是尊重的需求和自我实现的需求。

在这样的一个世界中，成为工作人，参与劳动，是一件奢侈和有自豪感的事，因为那时一般人没有机会参与工作，更多的人只能是娱乐人，而他们很难受尊重，获得自我实现。因此，在智能时代，劳动成为第一需要，成为工作人，将是走向社会金字塔尖的重要标志。

所谓智能共产主义，是人类社会进入智能社会以后，人的思维与短缺时代会有极大的不同。随着物质极大丰富，一般人的需求很容易得到满足，基本资源可以按照人们的需求进行分配，在这种状态下，人类进入低欲望社会，对于物质的追求大大降低，大部分人不需要参与工作就可以获得基本生存保障，劳动成为绝大部分人很难达到的境界，只有少数人参与工作，工作成为社会尊重和获得自我实现的象征。

在物质极大丰富、大量工作岗位被机器替代的情况下，人性发生巨大变化，哲学、道德、伦理、文化、风尚会与现在有很大的不同，人们的金钱观念、对物质的看法、人与人之间的关系也会变得与现在大不相同，因为物质短缺造成的恐惧会消除，幸福感增强。同时，人们对于宇宙、未来以及其他未知世界会产生更多的好奇感。社会制度也逐渐发生变化。而人类解决问题的方式，会更多从战争走向谈判，因为一方面人类并不需要争夺资源解决生存问题，另一方面，智能时代的战争可能会更加惨烈，破坏力更大，一旦轻启战端，人类需要付出难以承受的代价。

新人种"智能人"将出现

很长时间以来，人类对于未来智能世界的想象，是会不会有机器人战胜人类，把人类和机器人作为对立面。站在人类的角度，希望机器人永远受人类控制。

随着智能化的发展，大量的机器人可能会拥有思考能力，甚至会拥有再次复制能力，机器人一定会在地球上扮演重要角色，拥有强大能力和智慧的机器人会成为地球的一员。

同时我还相信，在人类这种碳基人和机器人这种硅基人之间，会有一种新的人种出现，这种人种就是融合了碳基与硅基的智能人。

我们在感叹机器人的强壮与智力水平提升时，其实同样也要看到人类这种碳基动物的价值，人类获得的能源是生物能源，这种能源是可以在地球上不断再生的，能源来源于动物、植物都可以，来源多样化。人的大脑是生物计算存储系统，这是一个非常低能耗的系统，成人的大脑一天只消耗 250 千卡～300 千卡能量。也就是说，一个重量介于 1 300～1 400 克（成人大脑的平均重量）的大脑的功率约为 15 瓦特，能量消耗很低，进行复杂的计算和存储，还不会发热，存储的内容有文字、图片、声音、影像，记录逻辑关系。人类大脑拥有 1 000 亿个神经细胞，这些细胞的功能能不能被完全开发出来，参与计算和存储，今天不得而知，但大脑无疑存在较大的开发潜力。

大脑对于信息的处理，有一套非常科学的机制，大脑中所有不同的信息，都处于同样的优先级进行存储和调用，事实上，大脑对于接收到的信息是随着时间、重要程度进行科学化管理的，按照不同的优先级进行存储。对于时间久远的信息，还可以进行压缩、封存，甚至删除，从而让大脑的工作不再那么超负荷，让计算和存储的能力来随时处理高优先级的问题。沉睡在大脑深处的信息，也可以通过催眠的模式将这些信息调用、唤醒。今天对于人脑的研究，我们还没有完全解开谜团，了解它所有的机制。

除了大脑之外，人类的信息遗传也还有大量的问题没有了解清楚。一个孩子到了 2～3 岁时，突然之间就学会说话了，不仅会说话，大量的逻辑关系也都能理解，这些大人并没有教过他，就是教，对于一个 2～3 岁的孩子来说，要理解这么复杂的逻辑关系也是困难的，然而事实是，他就是能够理解。人类对于世界的理解，尤其是各种逻辑关系，就类似于计算机算法这样一种最基础的逻辑关系，打成了生命密码，这些生命密码通过核糖核酸被遗传到新生命中，当孩子成长到一定阶段，面对合适的外界环境的刺激，这些生命密码就被打开。孩子的语言能力是这些生命密码中的基本能力，当其与外界刺激的印象结合在一起，很容易复制上一代对世界最基本的认识与理解。

在人类信息的传输和存储中，还有很多暗物质的通道我们没有发现，人类这种物种绝不像机器人那么简单，那么容易被复制。

未来人脑的能力会不会被更多地开发出来？这方面存在较大的机会。而人类会随着技术能力的提升，对自身进行改造，这是一定的。例如，通过植入芯片，打通人的大脑神经系统与芯片之间的连接。最初的芯片只会侦测脑电波的变化，进行辅助性的判断，驱动人的其他神经系统工作。更加复杂的芯片会渐渐和人脑融为一体，存储在人脑中的信息可以拷贝到植入芯片中去，而植入芯片的信息，也可以通过拷贝转移到人脑中，这样人类就可以不需要再去学习那些固化的知识，不需要通过一遍遍的背诵加强记忆，把存储固化下来，而是可以直接把信息存储在芯片中，进行调用。这种情况下，人类的学习速度会大大提升，学习效果会增强，一些固化的知识不需要学习。

同时人类也可以把脑子里的信息拷贝转移到芯片中去，这样我们就不会因为脑细胞不可逆的死亡而担心了，知识、记忆都可以被存储在芯片中。这是未来人工智能的最高境界，这种技术实现后，人类将进入一个全新的时代。

除了大脑之外，人类也可以对体外骨骼进行改造。这项技术在今天已经有很好的发展，更多人工智能和新材料的加入，外骨骼材质会强度更大、更轻，关节会更灵动，这种外骨骼配合人工智能，可以大大增加人的负重、跑、跳等活动能力，在人的手臂、腿脚等器官失灵时，可以代替这些器官工作，甚至可以支撑瘫痪的人。这些外骨骼成为人的能力的辅助，会把人的活动、运动、承重能力提升到一个新高度，达到很多人类的肌肉和骨骼无法承受的程度。

新材料和人工智能可再造人类的大部分器官，实现长时间工作。今天已经有心脏起搏器这样的设备帮助心脏工作，随着人工智能技术、微电池技术、生物电技术、新的材料发现与完善，我们人类的大部分器官可以进行替换与再造，心脏、血管、皮肤多种脏器都可以进行更换。通过器官的再造，人类的寿命可以更长，能力可以更强。

有一天，有一种人，他的某些器官已经被再造，远比一般人运动、负重能力强，还在他体内植入了芯片，可以和脑神经系统打通，大大提升了学习能力和知识储备能力，反应极快，处理问题的能力极大地提升，这样的人，是人类还是机器人呢？自然不是机器人，他的基础还是碳基人，也会和人一样谈恋爱、结婚、生孩子，实现正常的繁衍，但是智能化的改造，又让其完全不同于人类，对于事物的理解、感情也会发生变化。从这个角度看，这样的人，还是人类吗？我们要如何和他们相处？我们会不会也选择成为这样的人？

可能在很长的时间里，人类无法接受自己被改造，但是在漫长的时光中，这个问题一定会一点点被打破。当人的生命受到危害时，会有人去做这样的尝试。而很多人做出这样的选择后，就会有越来越多的人成为智能人，他们的能力远超一般人类。我们如何接受他们，在哲学上理解这种人的价值，在社会生活的各个方面接受他们的存在，在法律上保障他们的权益与公平，这都是复杂的问题。但即便复杂，人类可能不得不正视这样一个融合了碳基人和硅基人的群体的存在。

面向宇宙将成为新时代主题

浩瀚的宇宙永远是人类的向往。它广阔无际，孕育了生命，充满了神秘。长期以来，人类对于宇宙更多的是仰望与想象，真正的探索还很少。

在 5G 及 5G 之后更远的时代，人类最值得开拓的神秘疆域就是遥远的宇宙。人类通过人工智能解决了生产，解决了资源问题，人口不再高速度膨胀，基本生存不成问题，疾病不再是完全不可战胜的，战争也可以通过交流来消解。到那时，人类面临的最有挑战性的事就是探索宇宙。我相信，就像历史上的航海大发现时代一样，宇宙大发现的时代将会到来。

人类大航海时代的出现，依靠的是造船技术的提升和天文学的发展，人类从此可以战胜汹涌的波涛，走向远洋寻找机会和宝藏。

宇宙大发现时代，首先是航天器必须具有远航能力，能承受长时间的长途旅行。这样的航天器，绝对不是一个小小的航天飞机或登月舱，应该是一个支持多人生活，可长时间补给，能远程航行的复杂系统。这个系统，需要足够坚固和强大的能源支持，能够抵御各种冲击和碰撞，同时还具有自修复能力。

能源供应将是宇宙远航需要解决的一个大问题。在太阳系中，可以通过太阳能电池板收集太阳能，但飞出太阳系之后，面对遥远的宇宙，如何获得持续的能源供给，是一个极为复杂的难题。也许，在飞行的大部分时间里都没有阳光，所以必须开发出更为强大的能源系统，保证飞行器进行更长距离的飞行。这就必须在能源的生成与存储方面有革命性的突破，除核能之外，能否找到更强大的能源生成模式，存储的电能能否维持长时间的供应，显得尤为关键。

材料也是一大难点。航天器需要在超高温和超低温的环境中飞行，需要面对各种巨大冲击与压力，这就需要尽可能减少能源消耗。此外，航天器的材料需要高密度、高强度、轻量化、防辐射、防穿透、防腐蚀，以应对特殊的宇宙环境。

宇宙大开发时代，如何实现高质量的通信也是一个待解难题。保持和地球通信，能够飞离地球，有一天还能飞回来，并在任何时候都能保持飞行器和地球之间的信息交流和传递，将考验人类智慧。

为了对抗时间和衰老等碳基人无法跨越的障碍，人类被冷冻或是进入冬眠状态，在长途飞行中不会衰老，而记忆会被备份到硬盘上，不会随着脑细胞失去活力而丢掉记忆，到达目的地后，这些记忆又能恢复到脑子里。

未来，人类可以在星际建立多个中转站，并进军其他星球，甚至走出太阳系，进而走向银河系。人类开拓宇宙，不但需要解决大量的技术问题，同样也要面对哲学和伦理的挑战，比如，未来人类在宇宙中处于何种位置？人类的世界属于地球还是宇宙？人类和宇宙其他星球上的生命如何融洽相处？

很多大胆预想的问题，今天的我们无法回答，也回答不了，但在不远的未来，我们必须回答，而且一定能找到解决问题的钥匙。

结束语

任何一次技术革命，都推动着人类进步。时至今日，人类的技术进步已经进入一个加速时代，每一代移动通信的发展，不仅通信技术本身的变化，还带来与之相关的产业变化，所影响的不仅是技术，也会影响产业、产品和服务，进而影响经济、社会、文化，最终影响到伦理、道德、哲学。

很长一段时间，整个社会对于 5G 的理解，仅停留在速度快上。当然，5G 首先是速度快。随着资费的不断下降，大量用户的加入，今天的 4G 网络已经无法满足用户的需求，下载速度在中国的很多地方已经从原来的 50Mbps 下降到 5Mbps，这就需要容量更大、频谱利用率更高、体验感更好的 5G 网络。

5G 更大的价值，是用新的视角来看通信网络，这个网络不再是传统意义上人与人之间的交互，也不仅是上网的一个网络，而是通过这个网络，机器之间开始进行交互对话，在这个网络运行的终端，不再是由人操作的手机，也不再是每一台终端后面都有一个人，用户的概念可能会逐渐退出，因为每一个用户可能拥有几个甚至更多的终端。

5G 时代，汽车、车位、电线杆、井盖、摄像头、门锁、洗衣机、环境宝、空气净化器、抽油烟机、暖气控制、冰箱等设备都会联网，移动通信的用户从今天平均每人一部手机，会暴增至每人平均拥有 10 个以上终端。这种爆发力，不仅是在产业意义上形成一个以往人们从未想象过的巨大的市场，同时也会带来巨大的产业机会。初步估算，2025 年，中国将会有 100 亿个移动终端，这些终端主要不是手机，而是众多的物联网设备。5G 低功耗、低时延、万物互联的能力让这个巨大的市场成为可能。

5G 也必将带来产业的巨大变化。之前那种简单的网络，将变成一个多切片的智能网络，电信运营商也会由过去的网络建设运营、管理计费等，面临规模更为庞大的管理体系建设、计费体系建设，网络运营将会成为一个更为复杂的问题。

在业务领域，5G 必将带来全新的机会，一些颠覆性的业务将会出现。4G 时代，移动电子商务、移动支付等突然找到了爆发点。外卖、打车这些应用，正是得益于 4G 网络覆盖更广、网速更高、定位更准确，从而催生出新的商业模式和新的商业机会。

5G 不仅提供了更高的速度，还有低功耗、低时延、万物互联的能力，这些能力将提升物联网、大数据和智能学习的能力，让这些各自有特点的能力形成新的聚合效应。

5G 会让视频业务变得更有生命力，直接播放、高清视频传播、直播业务的发展速度会进一步加快，广告、信息传播、新闻业务会因为 5G 呈现出不同的形式。5G 还会让移动电子商务和过去完全不同。

可以预见，5G 会把已经推动了 20 年，但没有真正发展起来的智能家居，很快推向新的境界。更重要的是，5G 会渗透到社会公共管理体系中，智能交通、智能城市管理、远程医疗、智能健康管理、污染管理、灾害监测等会变得更加便捷。

届时，5G 将由生活服务向生产管理渗透：柔性化智能工厂需要 5G，智慧物流体系需要 5G，智慧农业需要 5G……

4G 改变生活，5G 改变社会，未来 5～10 年，随着 5G 网络的大规模部署，人类的信息化将进入一个全新的时代，这个时代的通信将不再是简单的通信，而是把通信和智能感应、大数据、智能学习整合起来的一个新体系。在新的体系下，新的业务模式、商业模式、服务模式将会创造出巨大的新机会，这也是未来拉动经济的重要力量。在固定电话时代，电话是按人群来定义的，中国的固定电话用户不超过 3 亿。但在手机时代，因为每人可以拥有不止一部手机，今天中国手机数量已经超过 14 亿。未来的智能设备，是每个家庭、每个人都有数个甚至更多，而社会服务设备也会平均每人数个，在此背景下，智能互联网的终端设备发生喷发的概率较大。

用传统互联网的思维去看移动互联网，很难想象移动互联网的市场与机会，后者可以创造出更多不同于前者的市场机会和业务模式。在 5G 基础上建立起来的智能互联网，也不会是移动互联网的简单复制，业务及商业模式的拷贝，而是在通信、感应、人工智能的基础上，改造社会管理和社会服务，真正进入智能生活社会。

4G 时代，中国正是由于建设起了世界上覆盖最全面的网络——全世界一半以上的基站在中国，成功地拉动了中国移动互联网业务大发展，移动电子支付、移动电子商务、外卖等业务走在世界前列，形成了不少领先世界的移动互联网新业态。5G 时代，中国也会成为全世界 5G 建设最为领先的国家，5G 的建设，不仅是通信能力的提升，更是社会管理能力、社会服务能力的根本改变。随着 5G 的到来，中国乃至世界都将发生巨大变化，我们期待着这一天的到来。

参考文献

[1] 尤瓦尔·赫拉利. 人类简史：从动物到上帝 [M]. 林俊宏，译. 北京：中信出版社，2014.

[2] 胡壮麟. 语言学教程 [M]. 北京：北京大学出版社，2007.

[3] 吴军. 智能时代：大数据与智能革命重新定义未来 [M]. 北京：中信出版社，2016.

[4] 京东研发体系. 京东技术解密 [M]. 北京：电子工业出版社，2014.

[5] 李路鹏，熊尚坤，王庆扬. 5G 技术展望 [C] //中国通信学会. 2013 全国无线及移动通信学术大会论文集（上）. 青岛：中国学术期刊电子杂志，2013：14-16.

[6] 王玮. CDN 内容分发网络优化方法的研究 [D]. 武汉：华中科技大学，2009.

[7] 金吾伦. 信息高速公路与文化发展 [J]. 中国社会科学，1997（1）：5-6.

[8] 尤肖虎，潘志文，高西奇，等. 5G 移动通信发展趋势与若干关键技术 [J]. 中国科学：信息科学，2014，44（5）：

551－563.

[9] 赵国锋，陈婧，韩远兵，徐川.5G 移动通信网络关键技术综述［J］.重庆邮电大学学报（自然科学版），2015，27（4）：441－452.

[10] 乔楠，鲁义.TD－SCDMA 正传［J］.通信世界，2006（3）.

[11] 贺敬，常疆.自组织网络（SON）技术及标准化演进［J］.邮电设计技术，2012（12）：4－7.

[12] 胡泊，李文宇，宋爱慧.自组织网络技术及标准进展［J］.电信网技术，2012（12）：53－57.

[13] 钱志鸿，王雪.面向 5G 通信网的 D2D 技术综述［J］.通信学报，2016，37（7）：1－14.

[14] 周代卫，王正也，周宇，等.5G 终端业务发展趋势及技术挑战［J］.电信网技术，2015（3）：64－68.

[15] 项弘禹，肖扬文，张贤，朴竹颖，彭木根.5G 边缘计算和网络切片技术［J］.电信科学，2017，33（6）：54－63.

[16] 许阳，高功应，王磊.5G 移动网络切片技术浅析［J］.邮电设计技术，2016（7）：19－22.

[17] 任永刚，张亮.第五代移动通信系统展望［J］.信息通信，2014（8）：255－256.

[18] 汪军，李明栋.SDN/NFV——机遇和挑战［J］.电

信网技术, 2014 (6): 30 - 33.

[19] 赵慧玲, 史凡. SDN/NFV 的发展与挑战 [J]. 电信科学, 2014 (8): 13 - 14.

[20] 国家无线电监测中心. 无线电发展史 [EB/OL]. [2010 - 09]. http://www.srrc.org.cn/news155.aspx.

[21] 中华人民共和国工业和信息化部. 2018 年上半年通信业经济运行情况 [EB/OL]. [2018 - 07 - 19]. http://www.miit.gov.cn/n1146312/n1146904/n1648372/c6265909/content.html.

[22] 电子发烧友网工程师. 5G 的三大场景和六大基本特点和关键技术 [EB/OL]. [2018 - 05 - 31]. http://www.elecfans.com/tongxin/20180215636413.html.

[23] 李芃芃, 方箭, 伉沛川, 郑娜. 全球 5G 频谱研究概述及启迪 [EB/OL]. [2017 - 09 - 12]. http://www.srrc.org.cn/article18863.aspx.

[24] 蝶信互联. 现代移动通信技术的发展 [EB/OL]. [2017 - 08 - 11]. http://www.sohu.com/a/163575997_99968711.

[25] Walter J. Ong. Ramus, Method, and the Decay of Dialogue [M]. Cambridge, Mass.: Harvard Univ. Press, 1958.

[26] PENG Tao, LU Qianxi, WANG Haiming, et al. Interference Avoidance Mechanisms in the Hybrid Cellular

andDevice-to-Device Systems [C] //Personal Indoor and Mobile Radio Communications. Tokyo: IEEE, 2009: 617 - 621.

[27] SHAO Y L, TZU H L, KAO CY, et al. Cooperative Access Class Barring for Machine-to-Machine Communications [J]. IEEE Wireless Communication, 2012, 11 (1): 27 - 32.

[28] FERRUSR, SALLENTO, AGUSTIR. Interworking in heterogeneous wireless networks: comprehensive framework and future trends [J]. IEEE Wireless Communication, 2010, 17 (2): 22 - 31.

[29] IMT - 2020 (5G) Promotion Group. 5G Vision and Requirements, white paper [EB/OL]. [2014 - 05 - 28]. http: // www. IMT - 2020. cn.

[30] CISCOI. Cisco visual networking index: forecast and methodology 2014 - 2019, white paper [EB/OL]. http: //www. cisco. com/ c/en/us/solutions/collateral/service-provider/ip-ngn-ip-next-generation-network/white _paper _c11 - 481360. html.

[31] 4G AMERICAS. 4G Americas' Recommendations on 5G Requirements and Solutions, white paper [EB/OL]. [2014 - 10 - 23]. http: //www. 4gamericas. org.

人工智能

国家人工智能战略行动抓手

腾讯研究院　中国信息通信研究院互联网法律研究中心

腾讯 AI Lab　腾讯开放平台　著

政府与企业人工智能推荐读本。

人工智能入门，这一本就够。

2017 年中国出版协会"精品阅读年度好书"，中国社会科学网 2017 年度好书，江苏省全民阅读领导小组 2018 年推荐好书。

本书由腾讯一流团队与工信部高端智库倾力创作。它从人工智能这一颠覆性技术的前世今生说起，对人工智能产业全貌、最新进展、发展趋势进行了清晰的梳理，对各国的竞争态势做了深入研究，还对人工智能给个人、企业、社会带来的机遇与挑战进行了深入分析。对于想全面了解人工智能的读者，本书提供了重要参考，是一本必备书籍。

巴菲特幕后智囊：查理·芒格传（珍藏版）

珍妮特·洛尔　著

国内唯一芒格本人及巴菲特授权传记。

投资必读经典。

股神巴菲特、全球首富比尔·盖茨、迪士尼传奇掌门迈克尔·艾斯纳、著名投资专家但斌等倾力推荐。

本书作者曾 8 次参加伯克希尔公司股东大会，5 次参加威斯科金融公司股东大会。本书包括了对 33 位相关人士进行的 44 次采访、记录以及芒格的演讲稿，其中 75% 的资料是首次批露。通过描写芒格与巴菲特的偶然相遇，芒格作为一个投资天才的独特成长以及他作为公民的特立独行，畅销书作家珍妮特·洛尔展现了我们这个时代最重要的思想者如何成为他自己。

游戏学

北京大学互联网发展研究中心　著

国内游戏学研究开山之作。

理解网络新一代，发挥游戏正能量。

本书是国内首部游戏学研究专著，帮助读者对游戏有更清晰深刻的认识。作者立足于跨学科视野，对游戏的起源、属性、功能进行了梳理，对游戏的经济、文化、社会影响等进行了分析，力图为游戏研究的开拓、创新与发展提供有益参考。

无论是对经济、社会、文化、互联网领域的研究者、观察者，还是对游戏从业者、政策制定者来说，本书都提供了重要的启发和借鉴。

兴趣变现
内容营销之父教你打造有"趣"的个人 IP

乔·普利兹　孙庆磊　著

你的兴趣价值千万！全球网络红人的成功路径，企业全员营销的赋能机制。

个人运用本书的方法，把兴趣与擅长的技能相结合，使其转化为有吸引力的内容，成功在某个领域构建有"趣"的个人 IP。通过 6 个步骤将兴趣变成可持续盈利的资产，实现多重收入，同时收获乐趣与成就！

企业推行本书的策略，用有价值的内容赋能员工，使每一位员工成为企业的推手，用内容营销策略实现 1 乘以 N 的影响力扩散，打造指数级品牌效应。

学会创新
创新思维的方法和技巧

罗德·贾金斯　著

互联网时代不能不学的创新思维方式。

如何用爵士乐让管理工作更顺畅？

如何在鲨鱼出没的水域帮助一家濒临破产的潜水公司？

一家家具公司如何用"不舒适"为突破口形成爆点？

……

本书是训练和培养创新思维的极佳读物。在本书中，中央圣马丁学院著名的创造力导师罗德·贾金斯研究了世界上许多创造力大师是如何思考的，他将他们的思考方式提炼出来，并用很多案例，来帮助读者掌握创新思维的方法和技巧。

图书在版编目（CIP）数据

5G 时代：什么是 5G，它将如何改变世界/项立刚著.
—北京：中国人民大学出版社，2019.5
ISBN 978-7-300-26841-5

Ⅰ.①5… Ⅱ.①项… Ⅲ.①无线电通信—移动通信
—通信技术 Ⅳ.①TN929.5

中国版本图书馆 CIP 数据核字（2019）第 051794 号

5G 时代

什么是 5G，它将如何改变世界

项立刚　著

5G Shidai

出版发行	中国人民大学出版社	
社　　址	北京中关村大街 31 号　　**邮政编码**　100080	
电　　话	010 - 62511242（总编室）　010 - 62511770（质管部）	
	010 - 82501766（邮购部）　010 - 62514148（门市部）	
	010 - 62515195（发行公司）010 - 62515275（盗版举报）	
网　　址	http://www.crup.com.cn	
经　　销	新华书店	
印　　刷	北京联兴盛业印刷股份有限公司	
规　　格	148 mm×210 mm　32 开本　**版　次**　2019 年 5 月第 1 版	
印　　张	9.875 插页 2　　　　　　　　**印　次**　2020 年 1 月第 12 次印刷	
字　　数	171 000　　　　　　　　　　**定　价**　69.00 元	